KB015485

BARBERING HAIRCUT

Trend Style

차소연·유세은·김성철·정명호·서수경 공저

머리말

이용 산업은 전통적인 이발소와 바버숍 그리고 맨즈 헤어살롱으로 나누어져 약간의 혼란기를 겪고 있습니다. 이러한 현실 속에서 남성 헤어도 패션과 더불어 트랜드를 따르며, 실용과 편리함 속에서 멋스러움이 강조되고 있습니다.

남성의 머리는 사회적 관계 속에서 위치와 역할 그리고 연령에 따라 다양하게 표현됩니다. 이러한 헤어스타일은 개인의 표현이며 자신의 이미지를 나타내는 수단이기도 합니다.

최근에는 남성의 전용 공간인 프라이빗한 바버숍이 붐업(활성화)되고 이곳을 찾는 고객의 연령대도 차츰 젊어지고 있습니다. 이러한 남성 이용 산업의 확장 속에서 『바버링 헤어커트』는 트랜드 스타일과 디자인을 담았으며, 남성 커트의 베이직에 충실히 임하여 응용이 가능한 바버를 위한 지침서가 되었으면 하고 바라봅니다.

프로 바버는 디자인을 이해하고 헤어디자인의 전문 지식, 기술, 태도 등이 어우러져 연출되는 작품을 만드는 예술인입니다. 또한, 남성의 멋스러움을 더욱 멋지게 하는 직업이기도 합니다.

그러기 위해서는 바버가 되기 위한 기본에 충실하며, 끊임없이 노력하고 지속적인 연습만이 성공할 수 있는 지름길입니다. 여기에 간절함을 담아 도전한다면 여러분은 분명 성공할 수 있을 것이라 생각합니다.

또한, 이·미용의 본질은 휴먼 비즈니스와 서비스업입니다. 그래서 바버는 마음에 대한 배려와 이해가 중요합니다. 사람의 마음을 이해하는 태도를 가지고 열린 마음으로 고객과의 관계를 유지해 나갈 때 여러분의 성공은 한 발 더 다가갑니다.

바버링 헤어커트의 지식과 기술이 필요한 버버를 생각하며 열심히 배우고 연구할 것을 약속하며, 함께 성장할 수 있는 기회가 되길 기대합니다.

마지막으로 광문각 박정태 대표님에게 감사드리며, 촬영장소를 제공해주신 한성우팀장님, 일러스트를 도와준 이호인군과 장정록군, 출판·편집을 도와 주신 관계자 선생님에게도 감사의 마음을 전합니다.

감사합니다.

2023.09

지은이 일동

CONT

ENTS

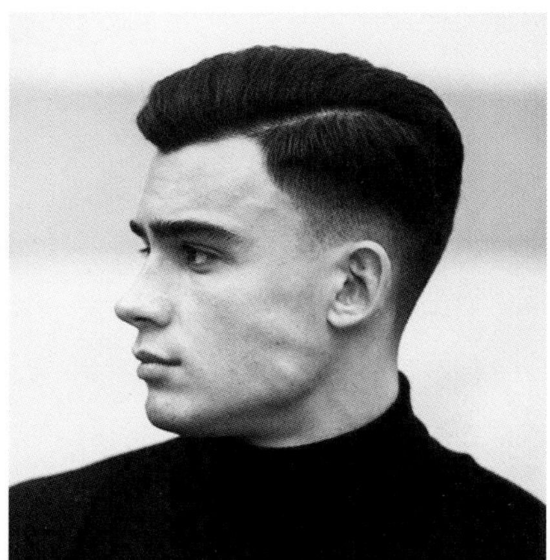

PART 1

ATTITUDE

1

B A R B E R

바 버 로 서 의 가 치 철 학

uniqueness uniqueness

uniqueness uniqueness

존재의 유일성

모든 것은 존재의 유일성을 가진다. 우리는 유일한 한 사람으로서 가치 있는 존재이지만, 나의 가치를 더 돋보이고자 자신의 개성을 다양한 방법으로 표현한다.

이러한 개성은 의복, 장신구, 타투 등으로도 표현할 수 있지만, 그중에서도 나만이 갖고 있는 것을 가장 자연스럽게 표현할 수 있는 것은 단연코 헤어스타일이라고 생각한다.

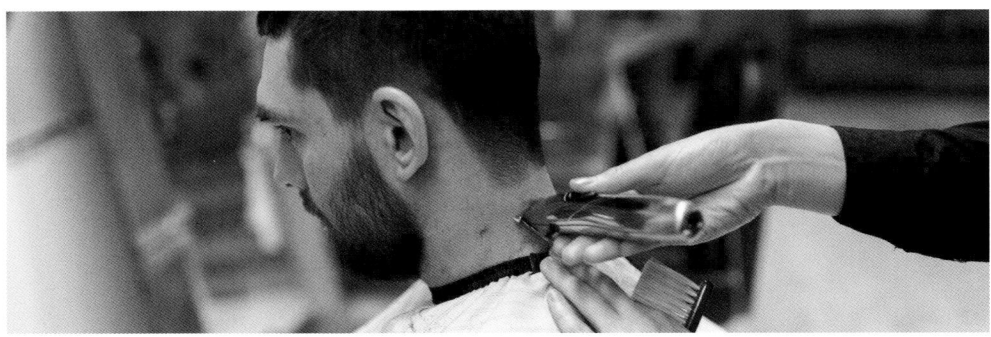
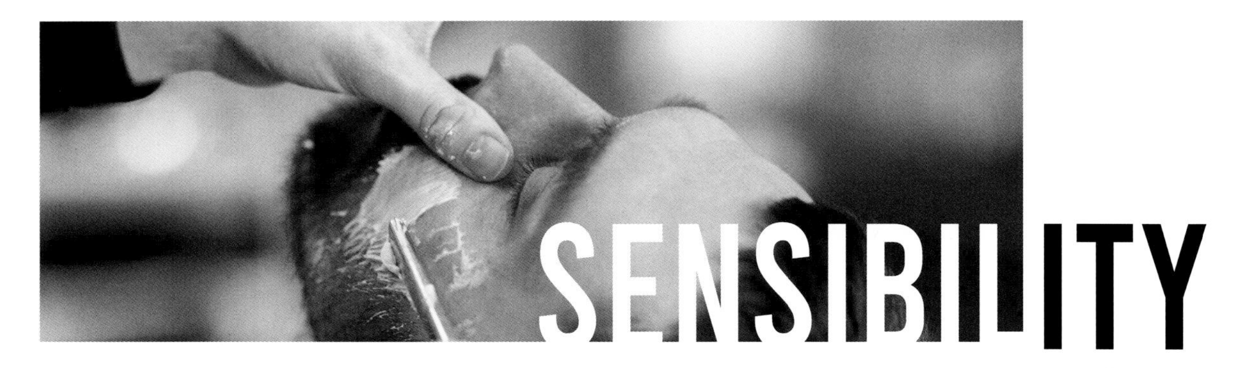

TECHNOLOGY

SENSIBILITY

barber

이발사(barber)는 머리카락과 수염을 자르고 다듬는다. 또한, 펌과 컬러 시술을 통해 다듬어진 형태에 볼륨감과 질감을 더해 주고 다양한 이미지를 연출한다.
'머리카락의 질감과 색감, 자라 나오는 모발의 방향과 모량 등은 그 사람(고객)만이 갖고 있는 소중한 소재로서 이발사는 소재에 자기 기술과 감성을 더해 새로운 가치를 창조해 나간다.

barber shop

바버숍(barber shop)은 주로 여성보다 남성 고객이 많이 방문한다. 남성의 머리카락은 대체로 여성에 비해 짧기 때문에 커트의 형태가 상대적으로 잘 드러난다. 이를 위해 이발사는 남성다움을 강조할 수 있는 사각형에 기초를 두고, 형태와 모양에 관점을 맞추어 기술을 행해야 한다.
또한, 남성은 효율성을 추구하므로 스타일링이 간편해야 하고, 격식을 차려야 하는 자리에서도 편안한 자리에도 어울릴 수 있는 스타일을 제안해야 한다.

따라서 이발사는 고객의 니즈와 라이프 스타일을 잘 이해해야 하고, 고객에게 많은 정보를 얻을 수 있도록 신뢰를 얻고 편안함을 제공해야 한다.

상담을 통해 어떤 스타일의 의상을 주로 착용하는지, 셀프 드라이를 하거나 제품을 바르는 데에 익숙한지, 여가에 어떤 취미를 즐기는지를 파악하고 고객의 니즈와 이발사의 행위가 더해져야만 성공적인 스타일을 연출할 수 있을 것이다.

CUSTOMER NEEDS
AND LIFESTYLES

첫 만남 첫인상

[People don't buy **what** you do, they buy **why** you do it]

– 사이먼 시넥(2010)

사이먼 시넥이 말한 위의 내용은 물건을 사고파는 산업에서만이 아닌 우리 이발사들에게도 기억해야 할 문장이 아닐까 싶다. 즉 고객들은 이발사의 임무를 사는 것이 아닌, 이발사의 신념을 사는 것이라고 말할 수 있다. 기술적인 행위만을 하는 이발사가 아니라 자신의 철학과 따뜻한 배려심, 전문성을 갖춘 직업의식 등을 고객이 느낄 수 있도록 해야 한다는 것이다.

그것이야 말로 고객의 마음을 움직일 것이고, 고객의 가치를 최상으로 이끌어 줄 수 있다고 생각한다.
"첫 만남에서 고객의 니즈를 완벽하게 파악하기는 물론 어렵겠지만, 좋은 첫인상과 전문가다운 지식·기술·태도로 고객에게 최상으로 다가가는 것…!
이러한 생각을 바탕으로 임한다면 창의력과 기술력을 겸비하고 경쟁력에 가치를 더하는 바버가 될 것이다.

2

COUNSELLING_SKILL

상담을 통해

신뢰받는 디자이너의 비결은 기술적인 테크닉이 뛰어나다 해도 상담의 스킬이 없이는 어렵다.

당신의 지식, 기술, 태도 그리고 창의력, 성공적인 헤어스타일을 만들고자 하는 열정과 마음가짐이 바탕이 된 상담은 고객이 기대를 하게 만들 수 있는 '소중한 기회'라는 걸 명심해야 한다.
상담(질문)을 통해 필요한 정보를 얻고 그 정보를 바탕으로 당신의 기술력과 디자인적 감각, 창의력을 더해 최상의 헤어스타일을 제안해 줌으로써 고객의 아름다움을 더욱 아름답게 하여 자신감을 만들어 주는 것이다.

물론 처음 만나는 고객의 니즈와 요구를 짧은 시간에 정확하게 분석하는 것은 어렵고 힘든 부분 중 하나다.
그러나 이러한 분석 능력과 과정이 없이는 아무리 띄어난 테크닉이 있더라도 성공적인 결과를 만들기는 어렵다.

고객의 질문을 활용하여 정보를 얻고 정보를 바탕으로 고객의 라이프 스타일과 니즈를 파악하기 위한 중요한 것은 또한 올바른 경청이다.

올바른 경청은 또 하나의 질문이다.
또한, 사람은 모두가 다르다는 것을 기억하자.

상담의 3요소

맞이하기

눈을 바라보며 밝은 얼굴로 인사하며 첫 만남을 갖는다. 첫인상은 매우 중요하므로 좋은 인상을 남기도록 한다.

▷ 평생 고객으로 만들겠다는 마인드로 접객한다.
▷ 고객의 마음을 편안하게 하는 최고의 환경과 인테리어는 정리 정돈과 청결이다.
▷ 밝은 목소리로 고개 숙여 인사한다.
▷ 고객이 편안하도록 음료, 음악 등을 준비한다.

상담하기

본격적인 상담의 단계로 가벼운 주제의 대화를 통해 고객이 편안함을 느끼도록 한다.

상담의 3단계

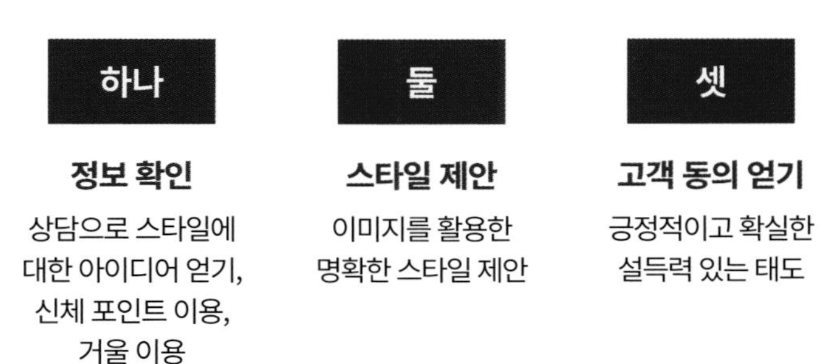

▷ 헤어스타일에 대한 대화보다 가벼운 대화를 나누며 친근한 관계를 형성한다.
▷ 예의를 갖춘 언어와 행동으로 고객을 대한다.
▷ 고객의 요구를 표현할 수 있는 테크닉과 지식을 갖추고 자신감과 확신에 찬 상담으로 신뢰를 얻는다.
▷ 긍정적인 태도로 공감하며 칭찬한다.

경청하기

상담하는 과정에서 무엇보다 중요한 것은 경청하기이다. 긍정적인 경청은 진심으로 사람을 대하는 마음과 고객의 의견을 존중하며 긍정적으로 받아들이는 태도이다.

PART 2

KNOWLEDGE

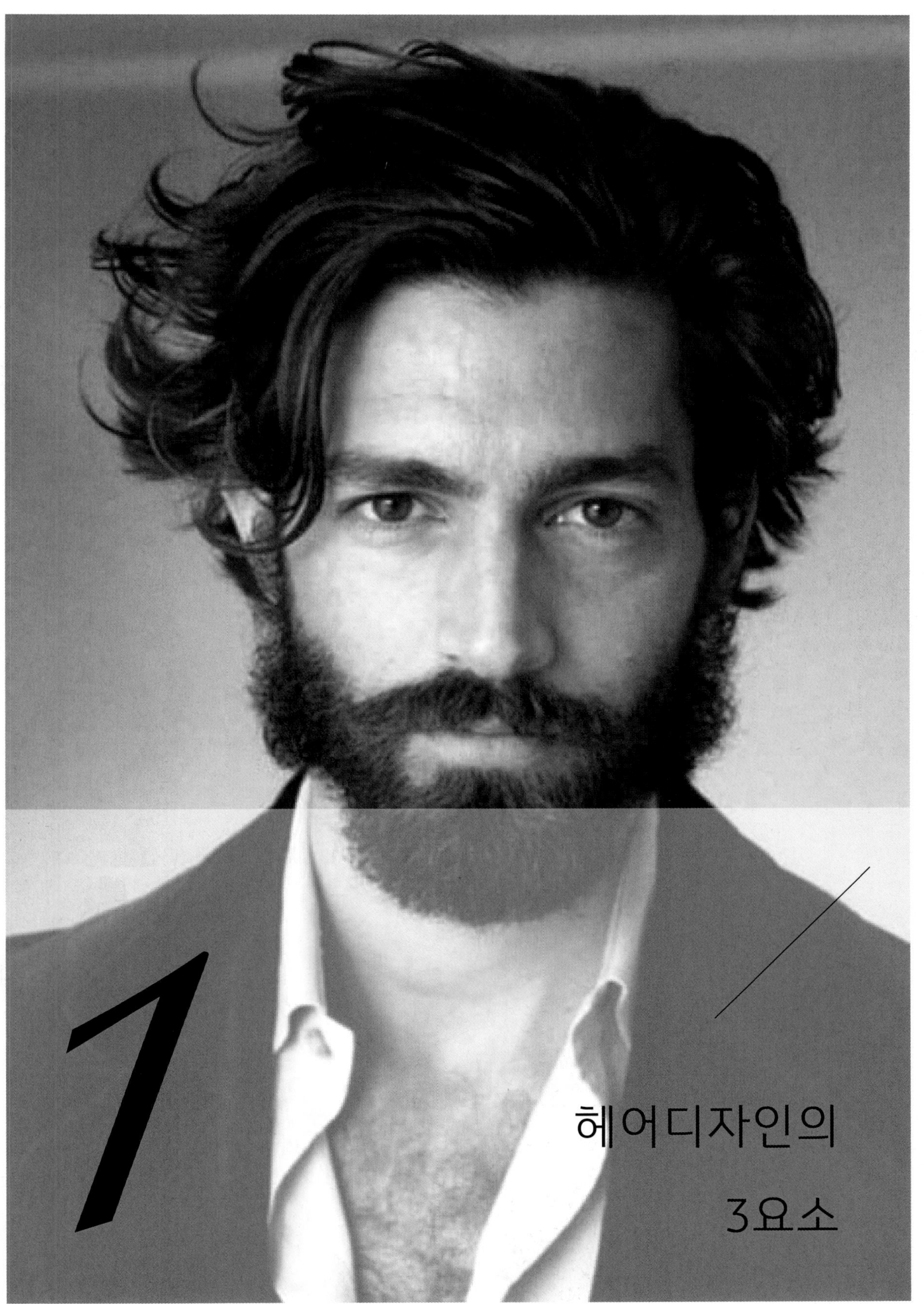

1 헤어디자인의 3요소

헤어디자인의 3요소

헤어디자인을 구성하는 3대 요소는 형태, 질감, 컬러이다.

형태
(form)

형태는 모양의 3차원적 표현 양식인 가로, 세로, 높이를 포함하는 입체적인 표현 양식으로 바깥 경계선인 외곽선, 방향, 모양으로 나눌 수 있다. 모양은 시각적으로 드러나는 외형을 나타내는 것으로 ○, □, △가 있다.

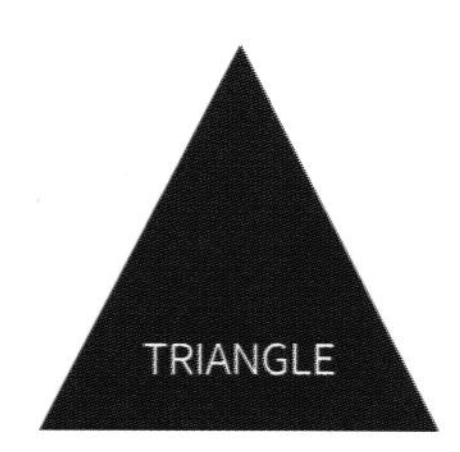

모양(shape)

남성 헤어스타일은 형태가 시각적으로 명확하게 드러난다. 따라서 기본적인 형태에 대한 인지를 우선시해야 하며, 헤어디자인의 모양은 형태선으로서 바깥 경계 또는 윤곽으로 나타난다. 일반적으로 남성 헤어는 플랫(flat)한 면과 면의 결합으로 각져 보이게 만들어진다.

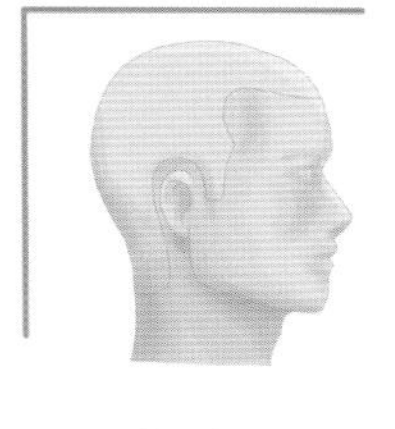
측면

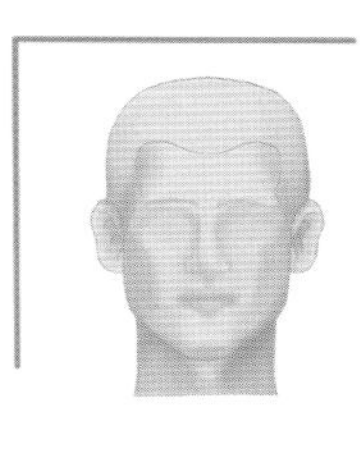
정면

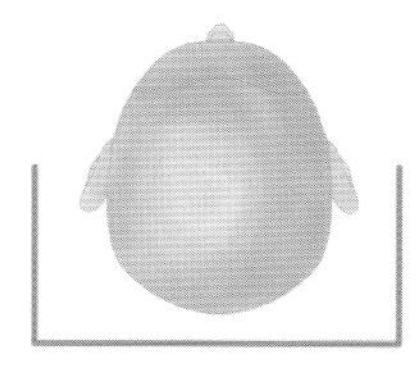
위

① ROUNND

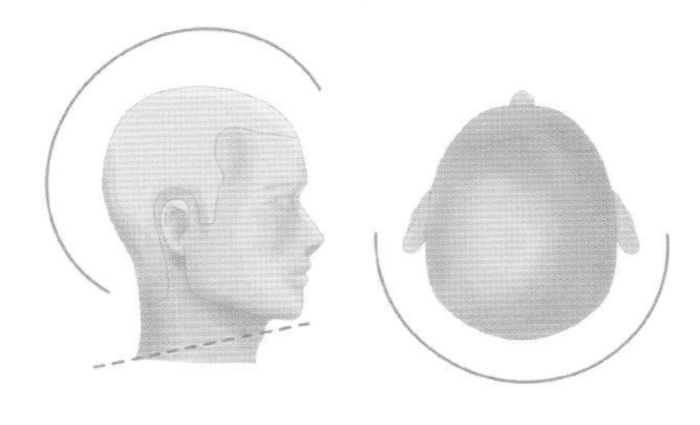

▷ 뒤로 갈수록 길어진다.

▷ 둥근 형태로 곡선에 의해 볼륨감이 만들어진다.

▷ 얼굴선이 부드럽게 만들어진다.

② SQUARE

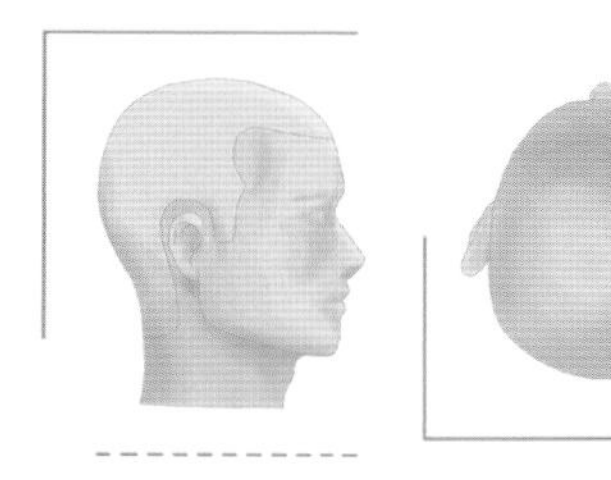

▷ 두상을 보완할 때 사용된다.

▷ 스퀘어 형태를 만든 다음 형태를 무너뜨리지 않을 정도로 코너를 정리 할 수 있다.

▷ 딱딱하고 각이 져 보인다.

③ TRIANGLE

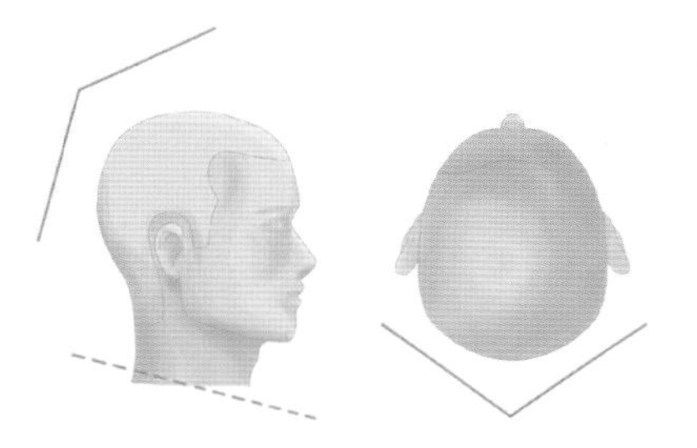

▷ 앞쪽으로 갈수록 길어진다.

▷ 뒤에서 시작에 앞쪽으로 점차 길어지도록 오버 디렉션을 한다.

▷ 얼굴이 길어 보이고 날씬해 보인다.

출처: 『준오 나인메트릭스』 P24: 재구성하여 그림

질감
(texture)

질감은 사물 표면에 나타나는 촉감을 나타내는 것으로, 펌이나 컬러 등의 테크닉을 이용하여 기존 모발의 질감에 다양한 느낌의 텍스처를 만들어 준다. 또한, 스타일링 제품이나 틴닝 가위 등으로도 질감을 표현할 수 있다.

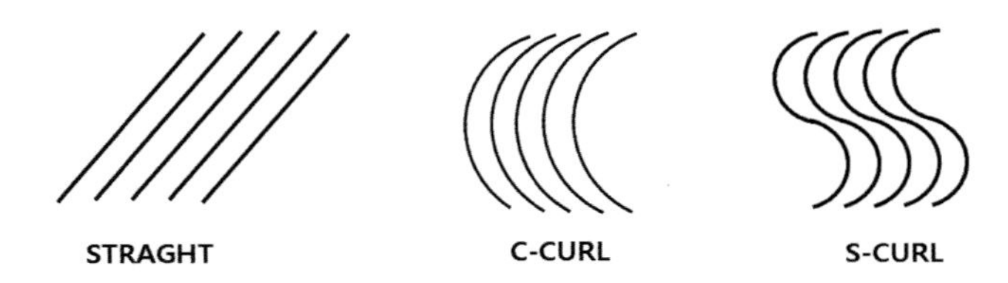

컬러
(color)

컬러는 형태, 질감과 결합하여 다양한 느낌을 만들어 낼 수 있으며 일반적인 3~4레벨의 일반적인 내추럴 컬러에 다양한 변화를 줌으로써 이미지와 변화를 더해 줄 수 있다.

2

커 트 이 론

커트 이론

헤어커트는 바버(barber)의 지식과 감성을 고객의 모발에 표현하는 예술 행위로서, 단순하게 머리카락을 자르는 행위가 아니다. 이를 위해 바버는 기술을 훈련할 뿐만 아니라 기능에 담겨 있는 기초 지식들을 습득하고, 바버가 가져야 하는 태도로써 올바른 인성과 배려 그리고 겸손을 갖추어야 한다. 커트 이론을 접할 때 하나의 개념을 배우면 이에 연결되는 또 다른 개념들을 이해하여 사고를 확장해야 한다. 또한, 이 개념들에 자신의 감성과 철학을 더하여 새로운 바버링 헤어스타일을 창조해 나아가는 것이다.

두부 영역 나누기
(section, blocking)

두상 포인트

두부의 지점(head point)을 통해 두상에서 모발을 구획 짓는 범위를 선정하고 통일함으로써 효율적인 학습이 가능하다.

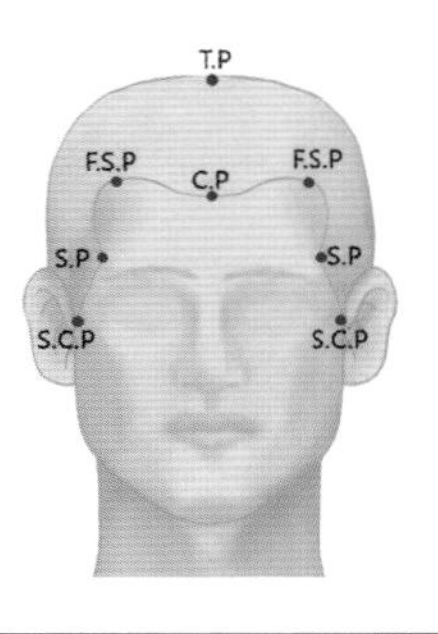

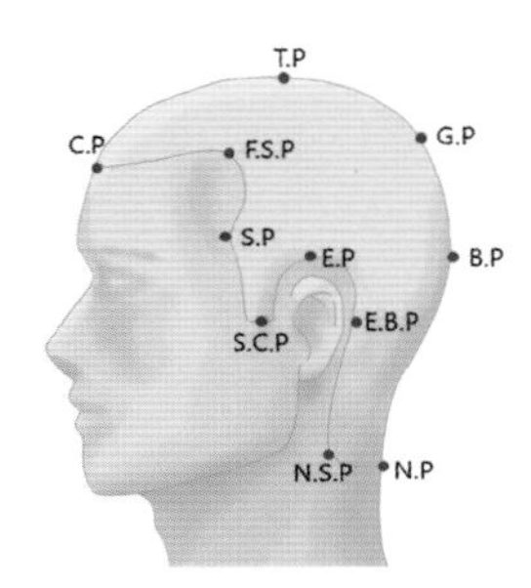

번호	기호	명칭
1	C.P	**C**enter **P**oint
2	T.P	**T**op **P**oint
3	G.P	**G**olden **P**oint
4	B.P	**B**ack **P**oint
5	N.P	**N**ape **P**oint
6	E.P	**E**ar **P**oint
7	S.P	**S**ide **P**oint
8	F.S.P	**F**ront **S**ide **P**oint
9	S.C.P	**S**ide **C**orner **P**oint
10	E.B.P	**E**ar **B**ack **P**oint
11	N.S.P	**N**ape **S**ide **P**oint

두상의 분할 영역

디자인에 따라 2등분, 3등분, 4등분, 5등분 등 두상 영역을 구획한다. 구획을 하기 위해 정중선, 측중선, 측수직선, 측수평선, 발제선 등 두상의 기본선과 구획된 두상 영역은 다음과 같다.

▷ 2등분
U라인을 기준으로 오버 섹션과 언더 섹션으로 나눈다.

▷ 3등분
크레스트를 기준으로 인테리어, 크레스트, 엑스테리어의 영역으로 나누거나 오버 섹션, 미들 섹션, 언더 섹션으로 나눈다.

▷ 5등분
두개골의 위치에 따라 전두부, 측두부, 두정부, 후두부로 나누거나 두상의 높이에 따라 천정부, 상단부, 중단부, 하단부, 후두하부로 나눈다.

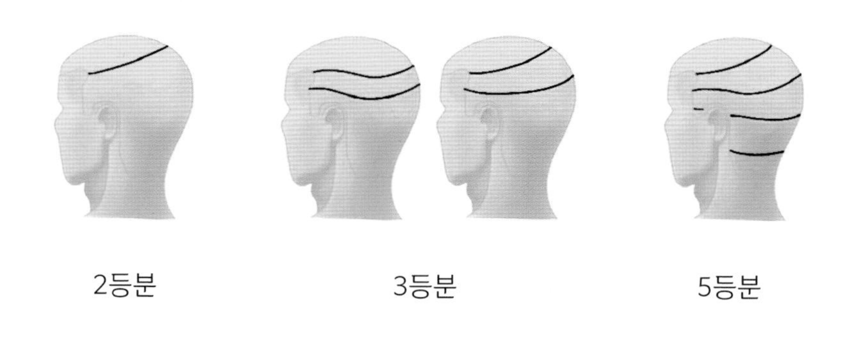

2등분 3등분 5등분

파트
(part)

영역 안에서 더 작게 세분화한 선으로서 디자인에 따라 수평, 수직, 다이애거널이 있다.

수평선(horizontal) 평행선으로 좌·우 대칭을 이루는 선이다.

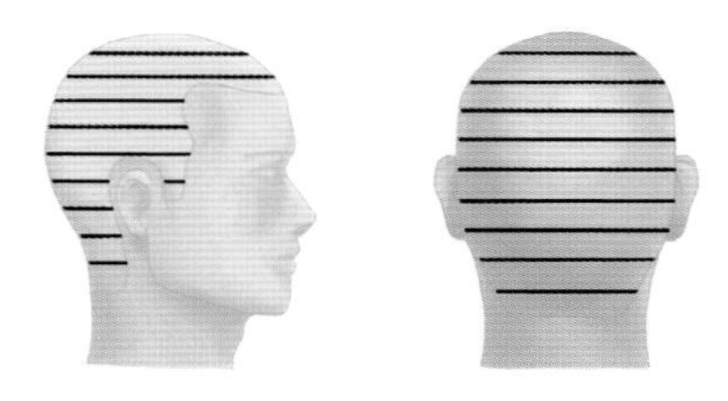

수직선(vertical)

두발의 층을 높게 하고 급격한 각도 조절이 필요할 때 사용되는 선이다.

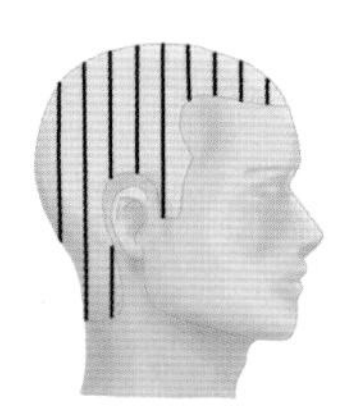
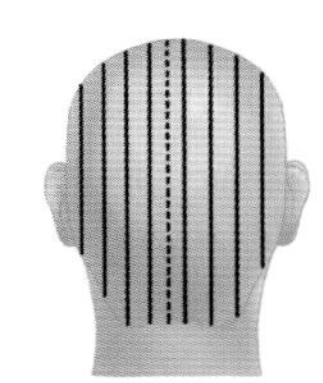

사선
(diagonal)

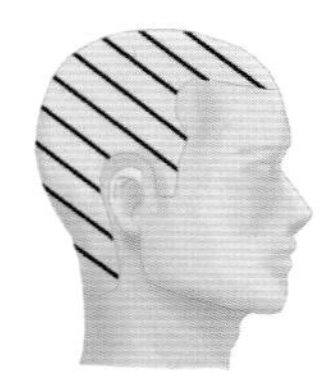
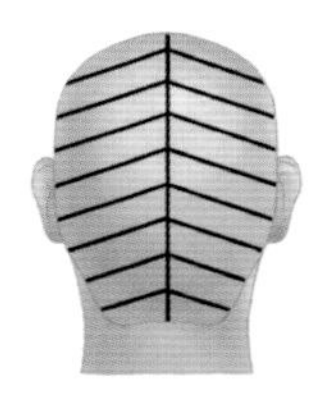

전대각(diagonal forward)

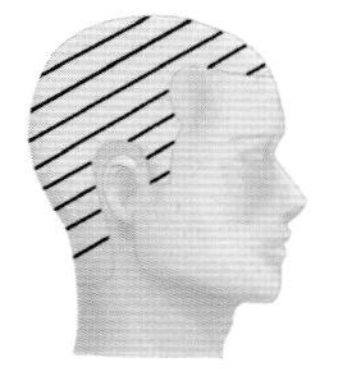
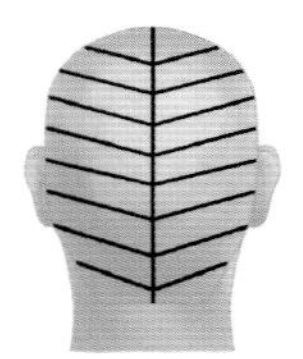

후대각(diagonal back)

볼록(convex)과
오목(concave)

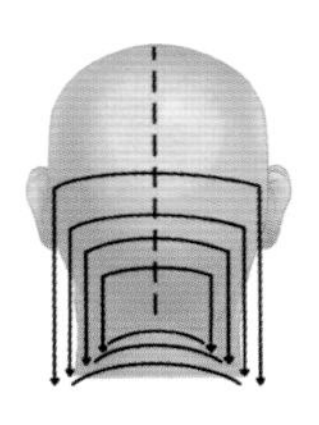
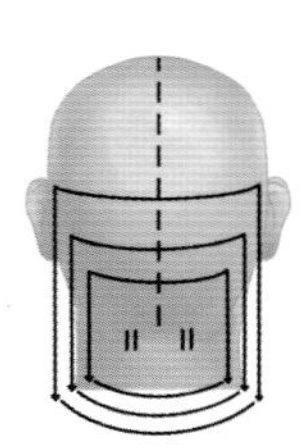

출처: 『교육부 학습모듈 기초이발』 P.20 이미지를 재구성하여 그림

시술각
(project)

모발이 빗질 되어 들어 올려지는 각도를 말한다. 중력에 의해 떨어지는 방향을 0°라 하며, 이를 기준으로 모발이 들어 올려지는 각도에 따라 낮은, 중간, 높은 시술각으로 구분할 수 있다. 또한, 두상면을 기준으로 하여 각도를 측정하며, 두상 곡면과 머리카락 방향이 이루는 각도가 어떻게 되느냐에 따라 0~180°로 표현할 수 있다. 주로 두상 90°의 시술각을 자주 사용한다.

① 시술각에 따른 층의 변화 시술각의 구분

낮은 시술각(0~30°), 중간 시술각(31~60°), 높은 시술각(61~90°)으로 구분한다.

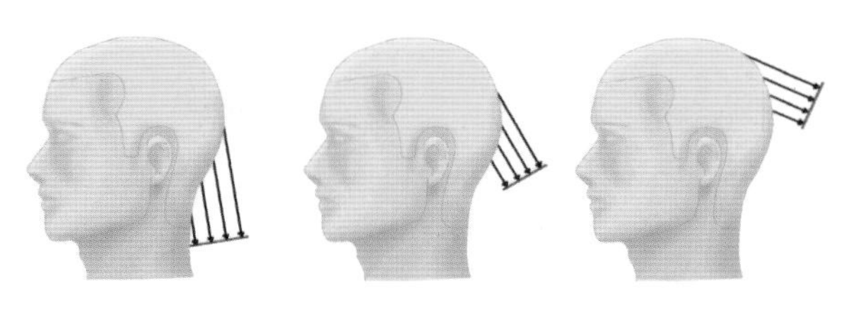

낮은 시술각　　중간 시술각　　높은 시술각

② 시술각에 따른 층의 변화

▷ 0°일 때에는 층이 형성되지 않으며 가장 무거운 무게감이 형성된다.

▷ 90° 미만일 때에는 모발이 겹침으로써 무게감이 형성된다.

▷ 90° 이상일 때에는 무게감이 없는 가벼운 층이 형성된다.

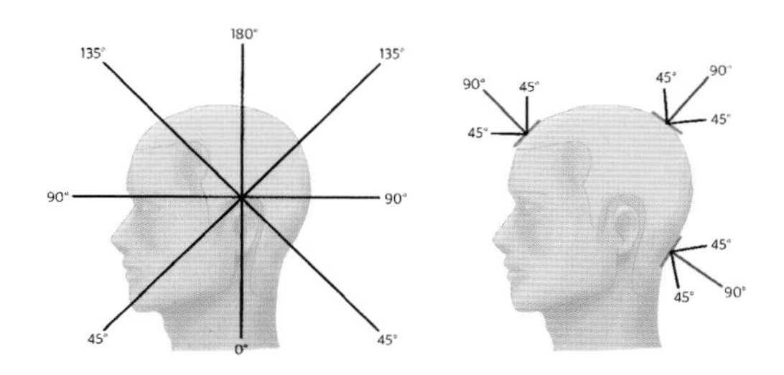

분배
(distribute)

파팅에 따라 모발이 빗질 되는 방향으로서 자연 분배, 직각 분배, 변이 분배, 방향 분배가 있다.

종류	특징	그림
자연 분배	- 두상으로부터 자연스럽게 흘러 내린 모발 상태로 빗질 됨 - 0˚의 시술각이 형성됨	
직각 분배	- 모발이 베이스 파팅 라인에 대해 직각 방향으로 빗질 됨	

종류	특징	그림
변이 분배	- 자연 분배, 직각 분배, 방향 분배를 제외한 모든 빗질 방향을 말함 -'오버 디렉션'이라고도 함	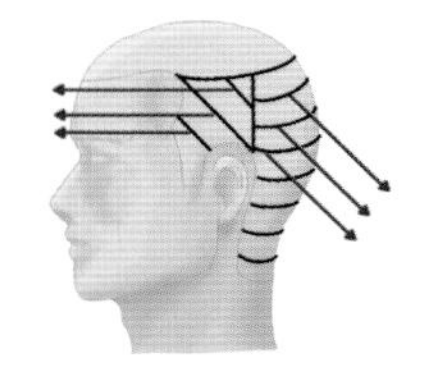
방향 분배	- 두상의 곡면으로부터 모발을 위로 똑바로, 옆으로 똑바로, 뒤로 똑바로 빗질 됨 - 스퀘어 커트 시 사용됨	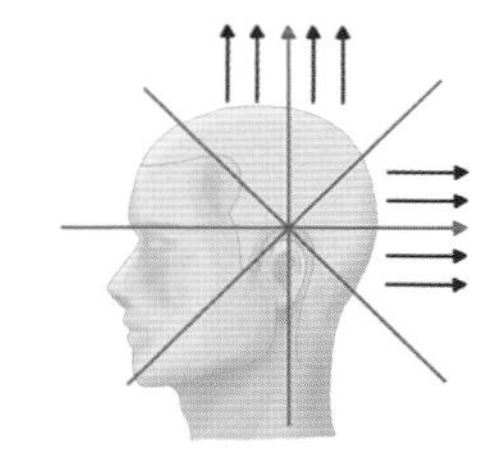

분배 종류

베이스
(base)

파팅 시 두피의 관점에서 직사각형 모양의 베이스 섹션이 형성된다. 이는 서브 섹션이라고도 하며 하나의 스케일(scale)을 의미한다. 베이스 섹션과 커트 되는 위치의 상관관계에 따라 온 더 베이스, 프리 베이스, 사이드 베이스, 오프 더 베이스, 트위스트 베이스가 있다.

종류	특징	그림
온 더 베이스	- 모발 길이를 두상에서 동일한 길이로 자를 때 사용됨	
사이드 베이스	- 모발 길이를 점점 길게 또는 점점 짧게 (over-direction) 자를 때 사용됨	

종류	특징	그림
프리 베이스	- 온 더 베이스와 사이드 베이스의 중간 베이스 - 모발 길이가 두상에서 자연스럽게 길어지거나 짧아질 때 사용함	
오프 더 베이스	- 급격한 모발 길이를 자르기를 원할 때 사용됨	
트위스트 베이스	- 프리 베이스 상태에서 비틀린 모양으로 잡아 자를 때 사용됨	

베이스 종류

디자인 라인
(design line)

길이 배열에 따른 패턴 또는 길이 가이드를 말한다. 디자인 라인에는 이동 디자인, 고정 디자인, 혼합 디자인이 있다.

종류	특징	그림
고정 디자인 라인	- 고정된 기준선을 갖는 디자인 라인으로서, 주로 형태선을 만들 때 사용됨 - 원랭스 또는 인크리스레이어 스타일에 많이 사용됨	
이동 디자인 라인	- 가이드라인이 이동(진행)되는 디자인 - 라인 유니폼 레이어, 그래주에이션 스타일에 많이 사용됨	

디자인 라인의 종류

위치
(position)

빗질과 자르기에 의해 커트 형태선의 외곽(outline)을 드러내며, 머리 형태의 결과에 가장 직접적인 영향을 주는 요소이다.

① 머리 위치(head position)

두상의 위치는 똑바로(upright), 앞 숙임(forward), 옆 기울임(tilter) 등이 있다.

② 손가락과 도구 위치(finger&tool position)

섹션과 빗질에 따른 자르기 전의 손가락 위치(아웃핑거, 인핑거)와 도구의 위치를 말한다. 이는 평행 또는 비평행이다.

③ 시술자의 몸 위치(body position)

시술을 할 때 고객과 시술자 간의 위치를 말하며, 스퀘어와 라운드로 나뉜다.

3

커트도구

커트 도구

헤어커트는 머리 형태(hair do)와 함께 자르는 기술과 방법 등이 시대의 요구에 따라 변화된다.

빗
(comb)

빗은 모발을 빗어 주는 도구이다. 모발을 모근에서부터 모선까지 가지런히 매만져 주며, 모발을 들어 올리거나 분배하여 시술각을 설정해 준다.

빗의 구조

빗살, 빗살 끝, 빗살 뿌리, 빗 몸, 빗 등, 빗 머리 등으로 이루어져 있으며 빗의 모양에 따라 약간의 차이가 있다.

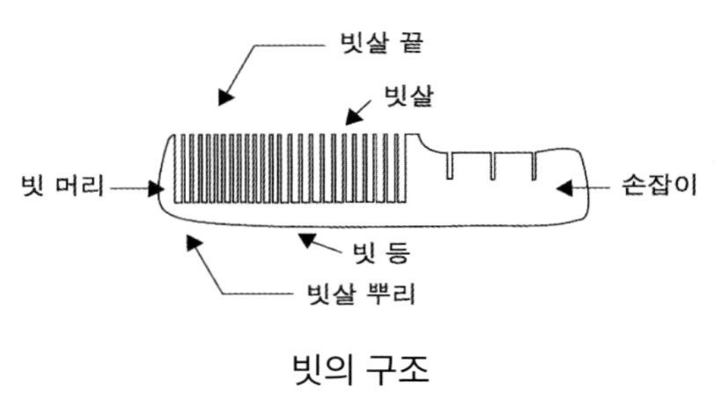

빗의 구조

출처: 『교육부 학습모듈 기초이발』, P.27

빗의 종류

재질, 크기, 모양에 따라 다양한 종류가 있다. 재질은 나무, 플라스틱, 고무, 금속 등이 있으며 재질에 따른 장·단점을 잘 파악하여 용도에 맞게 선정하는 것이 좋다.

빗의 크기는 대빗(coarse comb, large cutting comb), 중빗(sculpting comb, cutting comb), 소빗(taper comb)으로 나뉘고, 모양에 따라 일반적으로 손잡이가 있는 모양의 빗과 세트 빗(손잡이 없고 굵은 살과 고운 살이 같이 있음)으로 나뉜다. 이처럼 여러 종류의 빗 중에서 시술자는 작업할 두상의 위치, 모발의 길이, 자르는 도구, 기법 등을 고려하여 선택해야 한다.

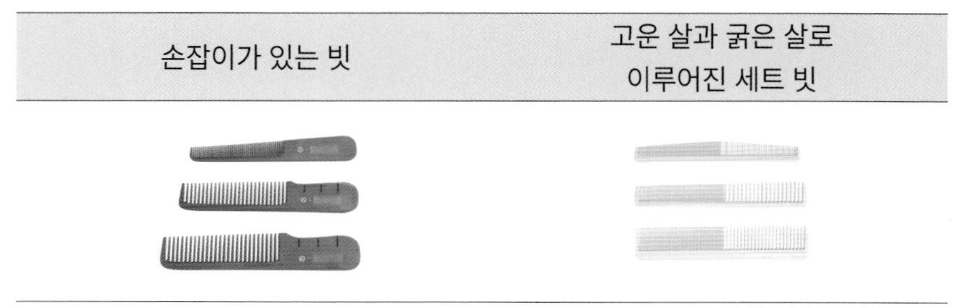

출처: 쎄아떼 헤어마트 제공

빗의 종류

가위
(scissors, shear)

가위는 불필요한 길이와 모량을 제거해 주는 도구로써, 바버가 의도하는 디자인에 따라 자유자재로 움직일 수 있는 손가락의 연장선과 같다.

가위의 구조

지렛대의 원리로 만들어진 도구로써 가위 끝, 날 끝, 동인, 정인, 다리, 회전축, 엄지환, 약지환, 소지걸이 등으로 이루어졌다.

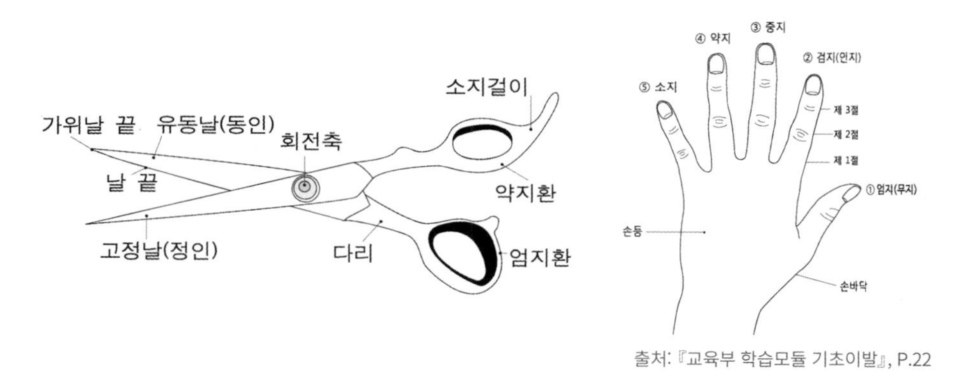

출처: 『교육부 학습모듈 기초이발』, P.22

가위의 구조와 손가락 부위 명칭

가위의 종류

사용 목적에 따라 주로 길이를 자를 때 사용하는 블런트 가위와, 모량을 조절하는 틴닝 가위로 구분할 수 있으며, 재질에 따라 착강 가위와 전강 가위로 나눌 수 있다.

① 블런트 가위

블런트 가위는 4.5인치, 5인치, 5.5인치, 6인치, 6.5인치, 7인치 등 소지걸이를 제외한 가위의 총길이에 따라 구분한다. 주로 6.5인치 이상인 장가위를 조발가위라 하며, 이는 떠내깎기와 연속깎기 등 시저스 오버 콤 기법에서 사용된다. 단발가위는 4.5~5.5인치의 길이를 사용하며 손가락의 연장선으로서 주로 지간깎기 시 사용한다.

② 틴닝 가위

틴닝 가위는 주로 모량을 감소할 때 사용한다. 톱니 모양 날의 발수와 홈의 모양에 따라 절삭률과 질감이 달라지므로 사용 목적에 따라 고려하여 선택해야 한다.

이발기
(clipper)

1870년대 기계 제작소인 바리캉 마르에서 개발되었으며, 짧은 길이의 모발을 용이하게 커트하기 위해 사용되는 도구이다. 밑날이 고정된 상태에서 좌우로 이동되는 윗날에 의해 모발이 절단된다. 오늘날에는 전기와 모터가 사용되는 전동식 이발기를 주로 사용하며, 전동식 이발기는 모터의 동력에 의해 아랫날이 움직이며 전원 스위치로 on/off 상태를 조절한다.

이발기의 구조

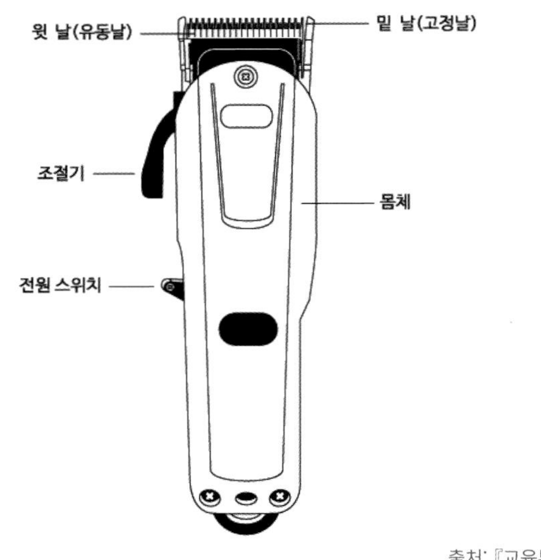

출처:『교육부 학습모듈 기초이발』

이발기의 구조

이발기의 종류

작동되는 힘의 원리에 의해 수동식과 전동식으로 나눌 수 있으며, 날의 두께에 따른 사용 용도와 모터의 종류(마그네틱, 피봇, 유니버셜, 로터리)에 따라서도 구분할 수 있다.

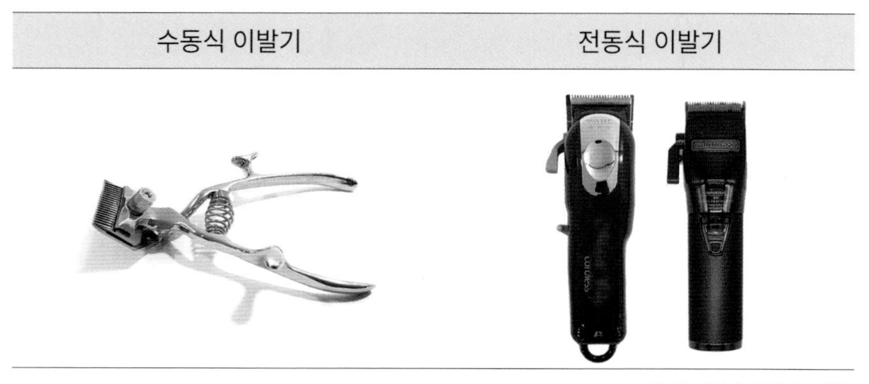

출처: 쎄아떼 헤어마트 제공

수동식 이발기와 전동식 이발기

구분	내용	그림
조절기가 있는 이발기	- mm 수를 조절할 수 있는 레버가 있는 이발기 - 윗날(이동날)과 아랫날(고정날)의 간격을 조절할 수 있음.	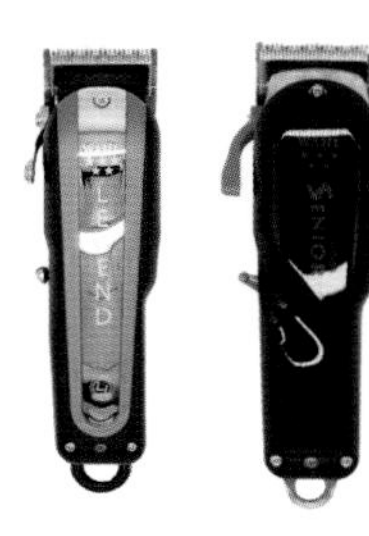
조절기가 없는 이발기	- mm 수를 조절하는 레버가 없는 이발기 - 밑날 판과 윗날 판의 간격이 0.8 ~1mm 정도임.	 
소형 이발기	- 밑날 판과 윗날 판의 간격이 0.5mm 이하로써 짧게 깎이는 이발기임.	

출처: 쎄아떼 헤어마트 제공

날판 두께에 따른 이발기

레이저
(razor)

레이저는 칼날을 이용해 자르는 커트 도구이다. 테이퍼링에 의해 모발 끝에 부드러운 질감을 연출해 주며, 이는 경쾌함, 매끈함, 율동감 등의 이미지를 갖게 한다.

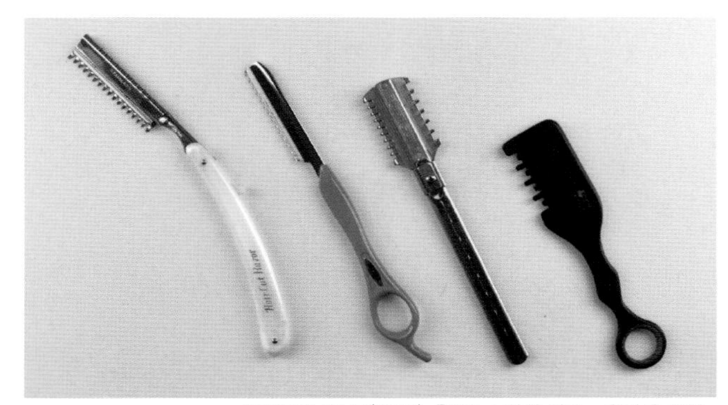

출처: 김선희 외(2014). 『맨즈 스타일 커트』. 훈민사. P.15

레이저의 종류

기타

헤어커트를 할 때에는 모발을 빗거나 자르는 도구 외에도 헤어클립, 분무기, 털이솔, 페이드 브러시, 이발 앞장, 넥 페이퍼 등이 필요하다.

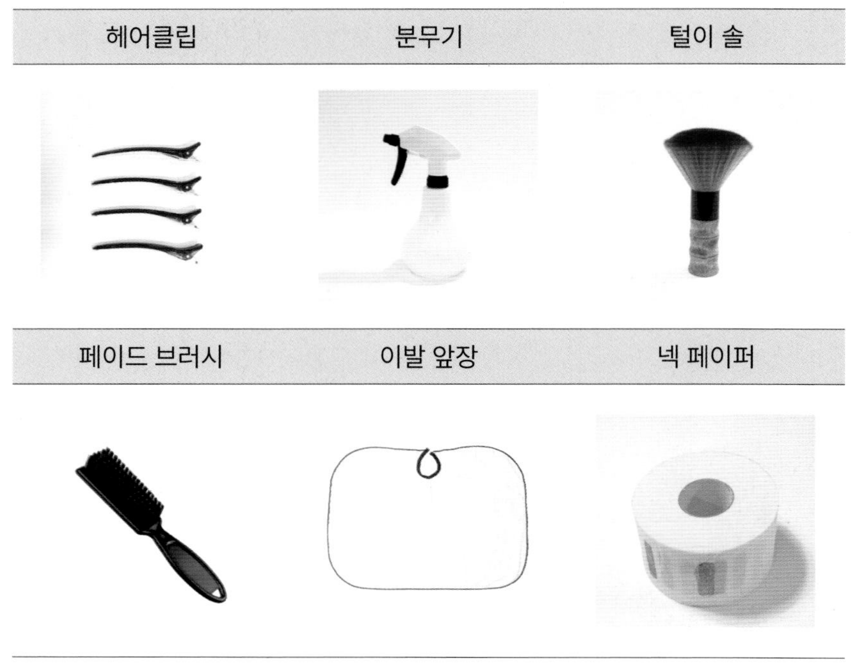

출처: 쎄아떼 헤어마트 제공

기타 이발 도구

PART 3

TECHNOLOGY

1 테크닉 종류

1. 테크닉 종류

헤어커트는 크게 3가지 단계로 구분할 수 있다.

1단계. 베이직 커트(basic cut)

상담을 통해 스타일(형태와 질감)을 결정한 후 스타일의 디자인에 따라 도구 및 기법을 선정하여 형태를 완성하는 첫 번째 단계이다.

2단계. 크로스 체크(cross check)

베이직 커트 단계에서 실행했던 형태를 확인하는 단계로써 이전의 파팅과 크로스되게 나누어 실행한다. 이때에는 1단계에서 완성되었던 형태(길이)를 유지하는 것에 유의해야 한다.

3단계. 리파인(refine)

마지막 단계로써 형태선과 표면을 정리하는 과정으로써 가장 정교하고 세밀하게 작업해야 한다.

각 단계에서는 다양한 테크닉을 통해 스타일을 완성해 가며, 이러한 테크닉들을 얼마나 숙련되게 작업할 수 있느냐에 따라 커트의 완성도는 높아진다.

지간깎기

‘지간(指間)’은 한자어로서, 자르고자 하는 모다발을 손가락 사이에 쥐고 자르는 기법을 말한다. 주로 모발의 길이가 긴 경우에 사용되며, 빗질을 통해 시술각을 조절한 후 검지와 중지 사이로 모다발을 쥐어 가위로 자르게 된다.

over-comb technique

손 대신 빗으로 모발을 컨트롤하는 기법을 말한다. 빗질을 통해 시술각을 조절하며, 자르고자 하는 길이를 빗살 또는 빗등 밖으로 걸쳐야 한다.
이 기법은 주로 짧은 길이의 헤어스타일을 커트할 때에 사용하는데, 손으로 모다발을 쥐고 자르기가 힘들기 때문에 손 대신 빗을 이용하여 모발을 컨트롤하는 것이다. 자르는 도구에 따라 ‘클리퍼 오버 콤 테크닉’과 ‘시저스 오버 콤 테크닉’으로 대별되며, 움직이는 이동 방향과 자르는 목적에 따라서는 다양한 기법이 있다.

<table>
<tr><th colspan="2">기법</th><th>내용</th></tr>
<tr><td colspan="2">거칠게 깎기</td><td>- 긴 길이를 대략적인 형태로 잘라내는 기법으로 전처치 커트에 해당됨</td></tr>
<tr><td rowspan="2">떠내깎기</td><td>떠내려 깎기</td><td>- 빗으로 모발을 떠내면서 자르는 기법으로 위쪽(가마부분)에서부터 아래쪽으로 이동하며 하향으로 커트함</td></tr>
<tr><td>떠올려 깎기</td><td>- 빗으로 모발을 떠내면서 자르는 기법으로 아래(네이프 또는 프론트)에서부터 위쪽으로 이동하며 상향으로 커트함</td></tr>
<tr><td colspan="2">연속 깎기</td><td>- 오버콤 테크닉 시 모발이 엉키지 않을 정도의 짧은 모발에 적용하는 기법으로 빗 운행 시 모발을 떠내지 않고 가위와 연속으로 움직임</td></tr>
<tr><td colspan="2">돌려 깎기</td><td>- 빗을 시계 방향 또는 시계 반대 방향으로 돌려가며 커트하는 기법으로 주로 귀 주변 영역에서 많이 사용됨</td></tr>
</table>

오버 콤 테크닉의 종류

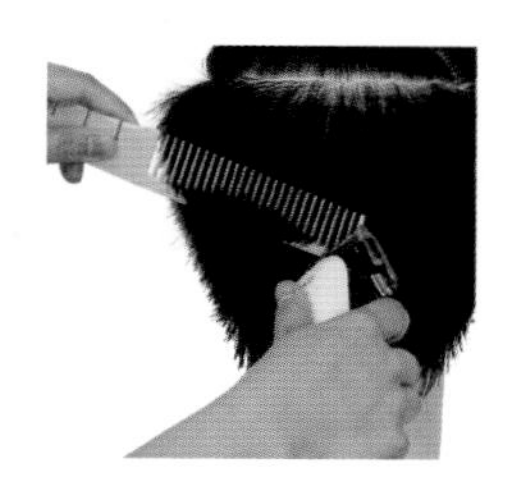

trimming

다듬거나 마무리 작업으로써 길이를 자르고 난 후 튀어나온 잔머리를 다듬거나 모발이 뭉친 곳을 솎아 줄 때 사용되는 기법이다. 가위로 트리밍을 할 때에는 밀어깎기, 끌어깎기 등이 있다.

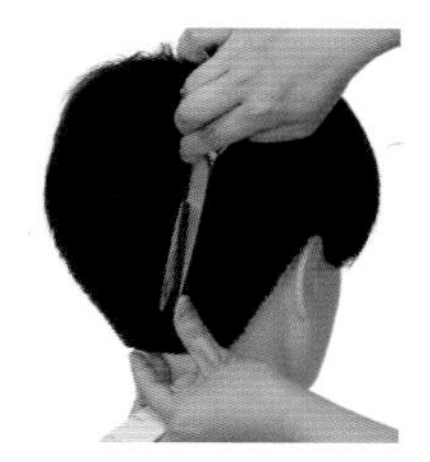

outlining

가위 또는 클리퍼를 이용하여 헤어스타일의 가장자리(outline)를 다듬는 기법을 말한다. 헤어라인 성장 패턴에 맞춰 자연스럽게 연결되어 연출하거나 선명하고 명확한 라인을 만들 수 있다.

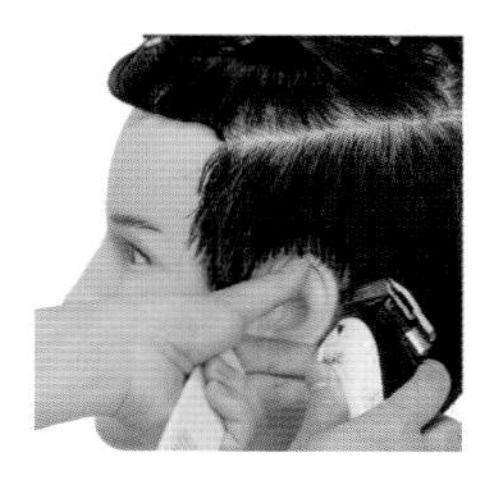
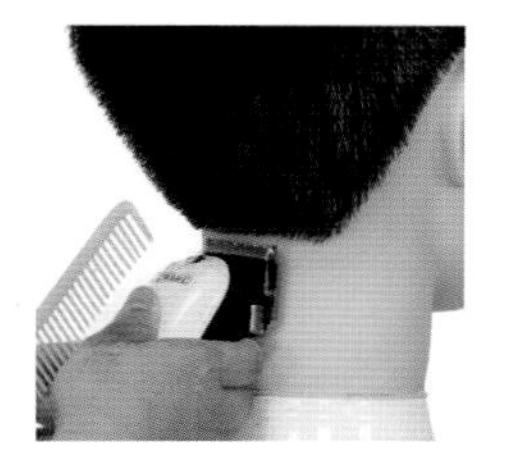

freehand technique

손(또는 빗)으로 모발을 쥐지 않고 깎는 도구만을 사용해서 커트하는 기법을 말한다. 짧은 길이의 헤어스타일에서 이발기로 두상에 밀착하여 곡선을 그리며 끌어올리는 경우를 예로 들 수 있다.

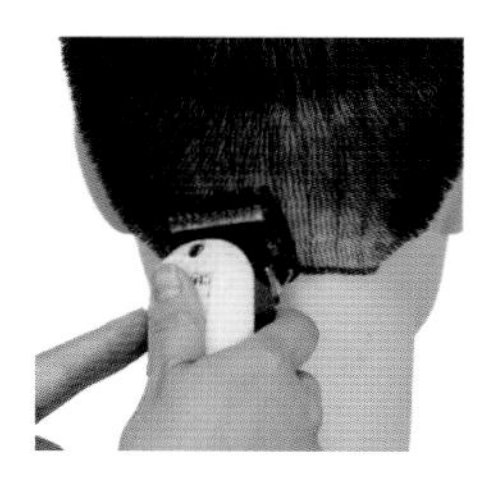
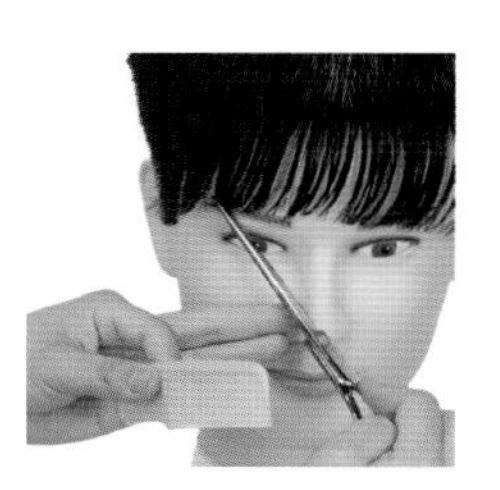

fade cut

구레나룻, 이어라인, 네이프 부분의 발제선에서 두피를 노출(bald)시켜, 인테리어 영역으로 갈수록 길이를 점차적으로 길어지게 깎아 명암 효과를 주는 커트이다. 점진적으로 길어지는 모발 길이에 따라 투명도(transperency)가 선정되며, 두피를 노출시키는 영역(bald zone)의 높낮이에 따라 low, middle, high로 구분할 수 있다.

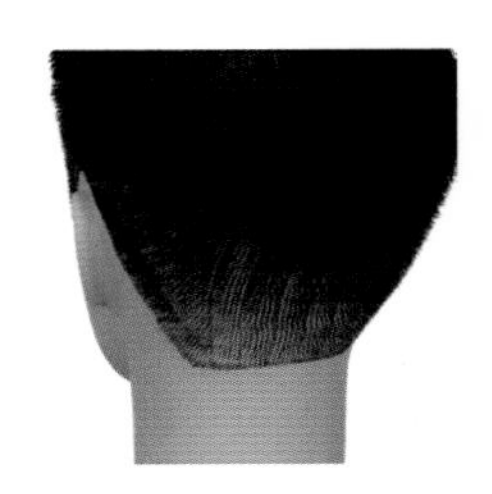
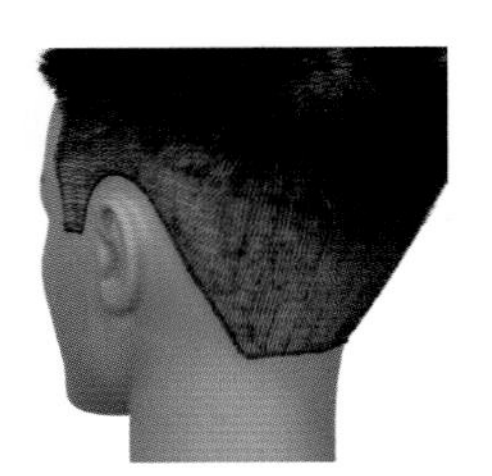

tapering

모발 끝으로 갈수록 모량이 감소되어 점차적으로 가늘어지게 커트하는 기법이다. 주로 틴닝 가위 또는 레이저를 사용하며 thinning이라고도 한다. 모발 다발(hair strand)의 어느 영역에서부터 테이퍼링 작업이 이루어지냐에 따라 효과가 달라지며, 일반적으로 3가지로 분류할 수 있다.

모발 다발의 끝 영역인 1/3 지점에서 커트하는 것을 엔드 테이퍼링(end tapering), 중간 영역에서 커트하는 것을 노멀 테이퍼링 또는 미드 스트랜드 테이퍼링(nomal tapering, midstrasnd tapering), 깊은 영역에서 커트하는 것을 딥 테이퍼링 또는 베이스 테이퍼링(deep tapering, base tapering)이라고 한다.

구분	특징
엔드 테이퍼링	- 모발 끝의 모량을 붓끝처럼 가늘어지게 연출하여 형태선을 부드럽게 함
노멀 테이퍼링	- 모발 다발 중간에 짧은 길이의 모발을 형성함 - 긴 길이의 모발을 받쳐 주어 볼륨감과 율동감을 표현함
딥 테이퍼링	- 모발 다발의 가장 깊은 곳에 짧은 길이의 모발을 형성함으로써 받쳐 주는 역할을 하기도 함 - 베이스 부분에서 모량을 많이 감소하기 때문에 부피감을 줄여줌

모발 다발 내에서의 질감 처리 영역에 따른 특징

2

도 구 에 따 른 테 크 닉

가위 테크닉

가위를 이용한 테크닉에는 다양한 종류가 있다. 가장 기초적으로 지간깎기를 통해 라인을 연출하지만, 가위가 조작되는 방향과 날의 각도에 따라 다양한 테크닉으로도 응용할 수 있다. 응용 테크닉 시 블런트 가위와 틴닝 가위 모두 사용 가능하지만, 대부분 블런트 가위를 사용하며 틴닝 가위는 모량을 감소하는 틴닝(또는 테이퍼링)의 용도로 많이 사용된다.

기법		특징
세워깎기	밀어깎기	- 가위를 세워 정인을 왼손 엄지에 고정한 후 미는 방향으로 이동하며 깎는 기법
	끌어깎기	- 밀어깎기와 동일하게 겉표면에 나온 잔 머리카락을 깎을 때 사용하는 기법으로서 끌어당기는 방향으로 이동하며 깎는 기법
솎음깎기		- 모발을 솎아줄 때 사용하는 기법으로서 모량을 감소하여 명암 처리를 하거나 모류를 교정할 때 사용됨 - 찔러깎기라고도 함
슬라이드 (slide)		- 길이를 점진적으로 길어지게 자를 때 사용되는 기법으로써 모발 다발에 대해 가윗날을 벌려 점과 점을 이어 주듯이 커트됨 - 모발 다발 끝을 향해 미끄러지듯이 훑어 내리며 형태선을 따라 모류의 흐름대로 잘리게 됨
슬라이싱 (slicing)		- 모발 다발에 대해 요구하고자 하는 방향성을 주며 가위가 얇게 저미듯이 훑어 내리며 커트하는 기법으로 질감을 연출함
나칭 (notching)		- 지간깎기 시 길이를 자를 때 모발 끝을 지그재그 모양으로 자르는 기법
포인팅 (pointing)		- 모발 다발 끝부분에 대하여 60°~ 90° 정도로 가위 날을 넣어서 훑어 내듯이 자르는 기법
스트로크 (stroke)		- 가위의 개폐 동작 시 손목 스냅을 이용하여 모발 다발을 툭툭 쳐내듯이 커트하는 기법 - 모발 다발에 대한 가윗날의 각도, 손목 스냅 각도, 가위 개폐 각도에 따라 롱/미디엄/쇼트 스트로크로 구분함

가위 테크닉의 종류

클리퍼 테크닉

클리퍼로 프리핸드 테크닉을 할 때에는 주로 네이프와 구레나룻, 이어라인과 네이프 사이드 라인 주변을 짧게 깎을 때 사용된다. 일반적으로 모발 길이는 아웃라인에서부터 점차 길어지기 때문에 클리퍼가 두상으로부터 점점 멀어지며 'C' 곡선을 그리듯이 커트한다.

프리핸드 테크닉

커트하고자 하는 곡률에 따라 클리퍼의 밑날판을 완전히 밀착하거나 날 끝 부분만이 두상에 닿게 수평으로 위치하여 사용된다.

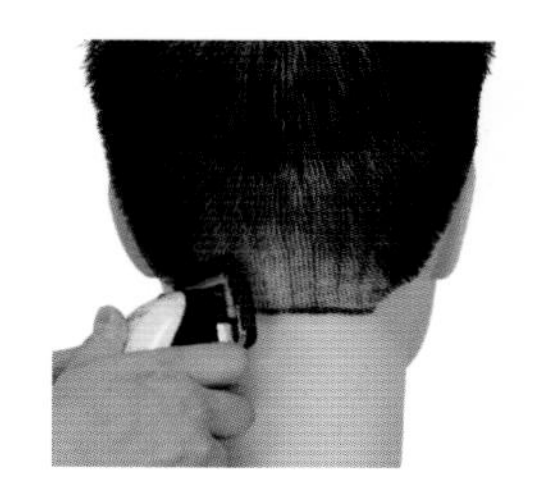
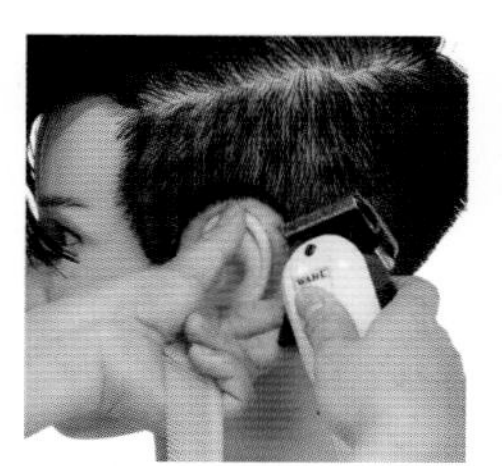

클리퍼 오버 콤 테크닉

클리퍼는 잘리는 부분의 면적이 넓기 때문에 자르고자 하는 부분을 면 또는 선으로 깎을 수 있다. 직선적인 면으로 표현하고자 할 때에는 빗살 전체에 모발을 걸쳐 깎으며, 선으로 표현하고자 할 때에는 빗살 뿌리 또는 빗등에 모발을 걸쳐 깎는다. 또한, 아주 짧은 길이를 자르고자 할 때에는 빗살 중 가장 얇은 부분인 빗살 끝부분에 수평으로 위치하여 깎게 된다.

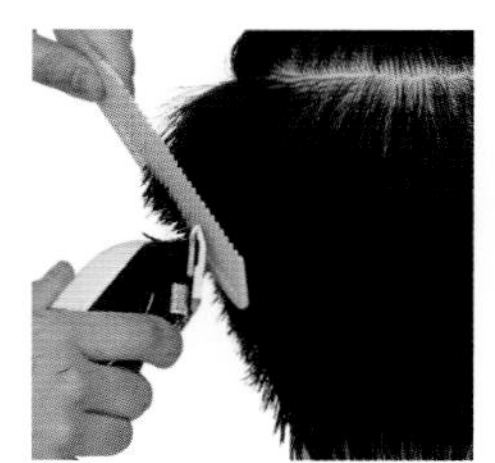

하드 파트 (hard part)

사이드 파트 스타일에 적용되는 기법으로써 가르마 선을 명확하게 보이도록 선을 만드는 기법이다. 주로 트리머를 사용하며 영역을 명확하게 구분해 주기 때문에 고객이 스타일을 용이하게 손질할 수 있다.

레이저 테크닉

기법	특징
에칭 (etching)	- 모발 다발 위에 레이저를 위치하여 자르는 기법으로서, 모발 다발 겉표면의 모발이 테이퍼링 됨 - 바깥말음 컬 형성에 용이하며, 레이어커트 작업에 많이 사용됨
아킹 (arcing)	- 모발 다발 아래에 레이저를 위치하여 자르는 기법으로써, 모발 다발 안쪽 모발이 테이퍼링 됨 - 안말음 컬 형성에 용이하며, 무게선이 형성되는 작업에 많이 사용됨
로테이션 (rotation)	- 빗과 레이저가 회전하듯이 번갈아 가며 자르는 기법으로써, 모발 표면에서 부드러운 윤곽을 만들어 줌 - 이는 후두부의 네이프 부분을 테이퍼하기에 용이함

레이저 테크닉의 종류

PART 4

BARBERING STYLE

Leaf hairstyle refers to a style designed to make the hair flow from the front part to the side look like a leaf shape.

LEAF

Style LEAF

'리프 스타일'이란?

리프(leaf)는 '잎'이라는 뜻으로서, 리프 헤어스타일은 앞쪽의 가르마에서 옆으로 넘어가는 모발 흐름이 마치 잎 모양처럼 보일 수 있도록 연출된 스타일을 말한다.

ABOUT HAIR CUT & STYLING

shape	square
section	수평(horiaontal), 사선(diagonal)
technique	지간깎기, 떠올려깎기, 나칭
finish work	벤트 브러시와 라운드 브러시를 이용한 블로드라이
products	무광 타입의 포마드, 하드 스프레이

PROCEDURE

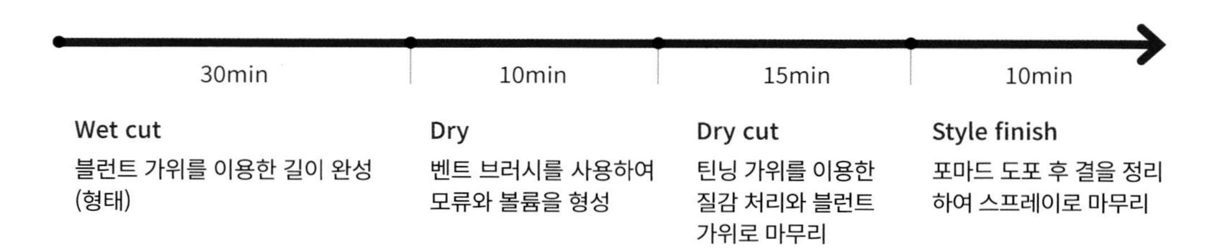

KEY POINT

- 모류가 잎 모양처럼 보이기 위해서는 주로 5:5 가르마를 나누어 준다.
- 프론트의 모발 길이가 길어야 옆으로 넘어가는 흐름을 연출할 수 있다.
- 길이 커트에서 G.P 영역의 코너를 제거할 때에는 약 1cm만 커트하여 라운드 셰입이 되지 않도록 유의해야 한다.
- 모발 끝이 나뭇잎의 모양처럼 보일 수 있도록 엔드 테이퍼링을 가볍게 해 준다.

LEAF style

Head Sheet & Finished Look

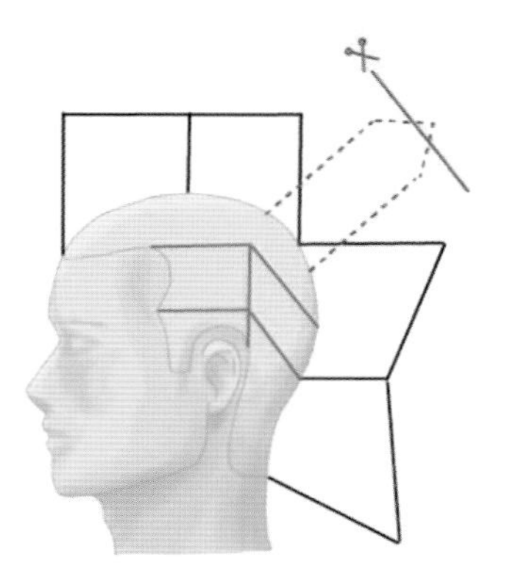

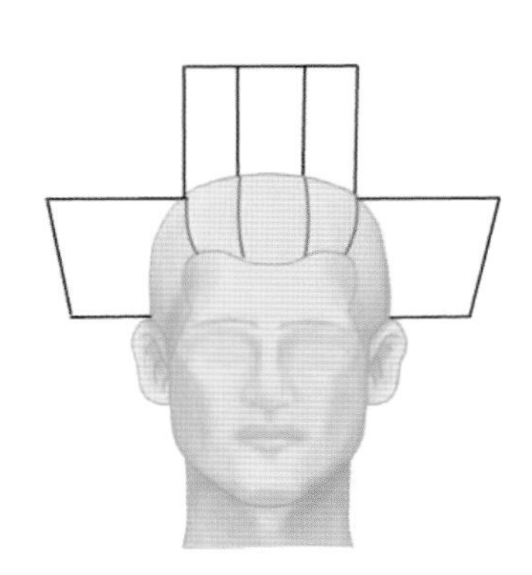

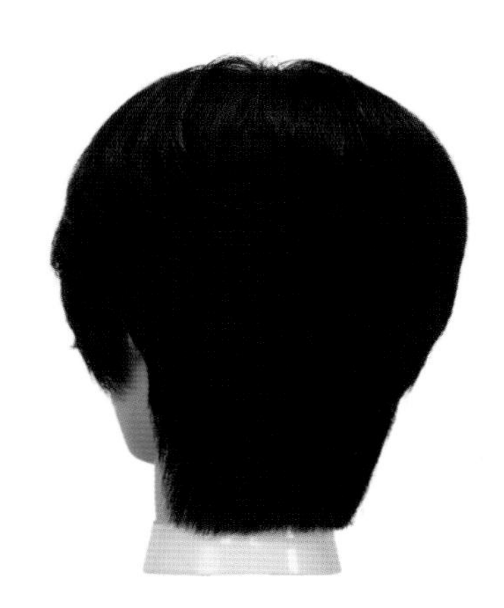

BACK

FRONT

SIDE

중심(E.B.P)에서 측수직선으로 파팅하여 영역을 나눈다.

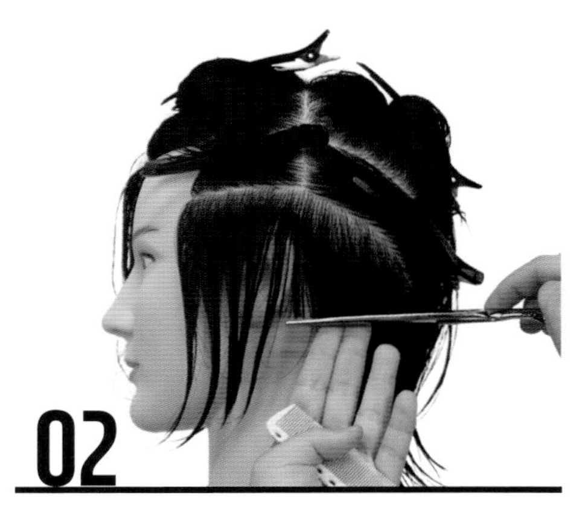

중심(E.B.P)에서 가이드라인을 설정한다.

얼굴 쪽 영역은 전대각 라인, 0° 각도로 아웃라인을 형성한 후, 90° 각도로 들어올려 층을 준다.

페이스라인 부분을 얼굴 쪽으로 당겨 빗어 후대각 라인으로 커트하여, 구레나룻 모양을 형성한다.

측수직선의 뒤쪽 영역은 앞으로 당겨 빗어 아웃라인을 수직선으로 형성한다.

90°로 들어 올린 후 파팅과 핑거 포지션을 나란하게 하여 층을 준다.

그다음 섹션은 45°, 이동 디자인 라인으로 커트한다.

마지막 오버 섹션은 45°, 고정 디자인으로 커트한다.

구레나룻 부분을 체크 커트한다.

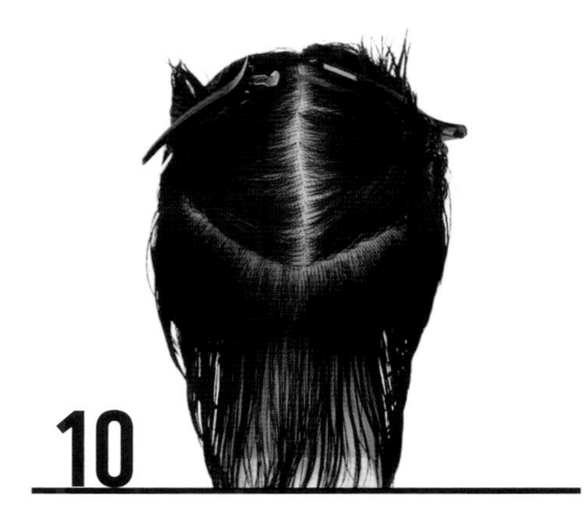

B.N.M.P를 중심 컨백스 라인으로 파팅한다.

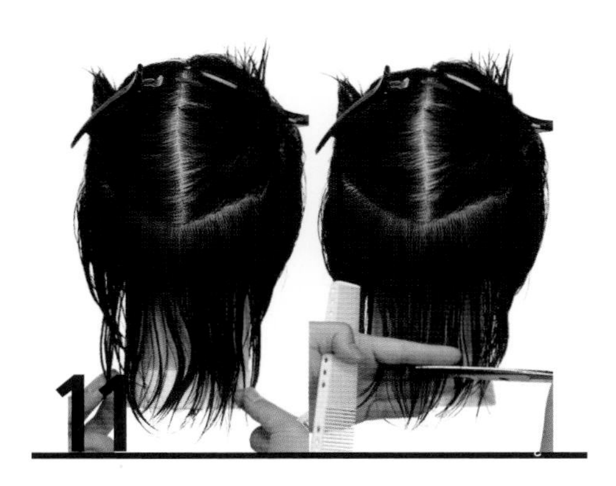

N.S.P의 길이를 가이드로 하여 아웃라인(수평선)을 설정한다.

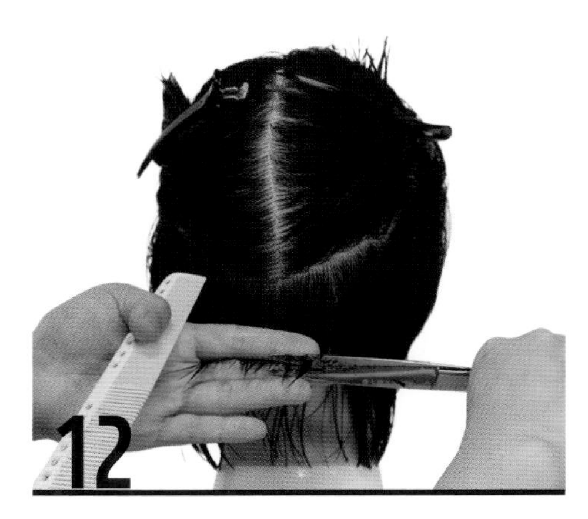

90°로 들어 올려 층을 준다.

컨백스 라인과 핑거 포지션을 나란하게 하여 90°, 직각 분배로 커트한다.

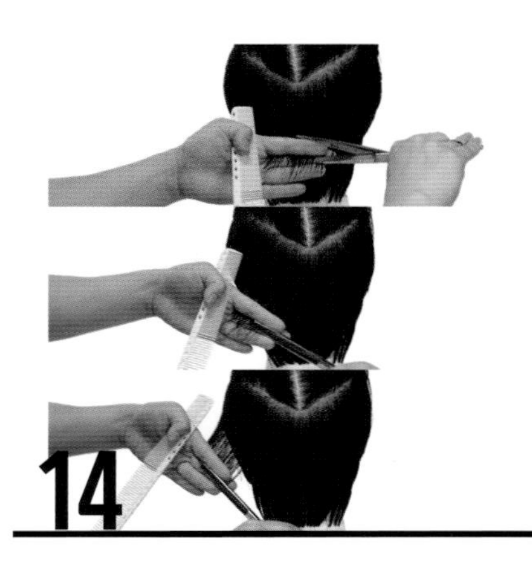

45°, 이동 디자인 라인으로 G.P 위치까지 커트한다.

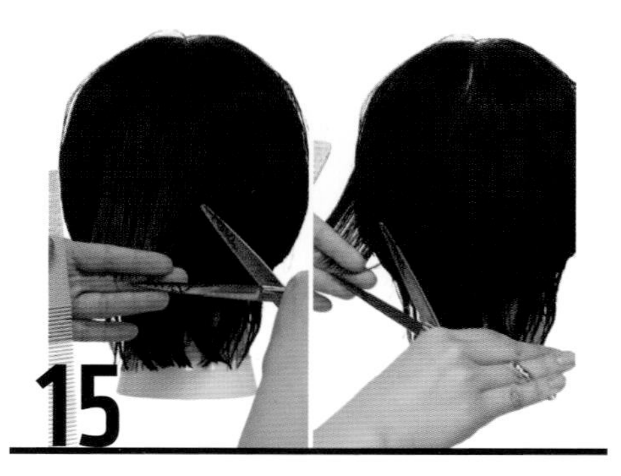

오버 섹션은 45°, 고정 디자인 라인으로 커트한다.

오버 섹션의 가이드라인을 설정할 서브 섹션(2~3cm 폭)을 나눈다.

T.P에서 길이를 설정(15cm)한 후, 방향 분배하여 평면 커팅을 한다.

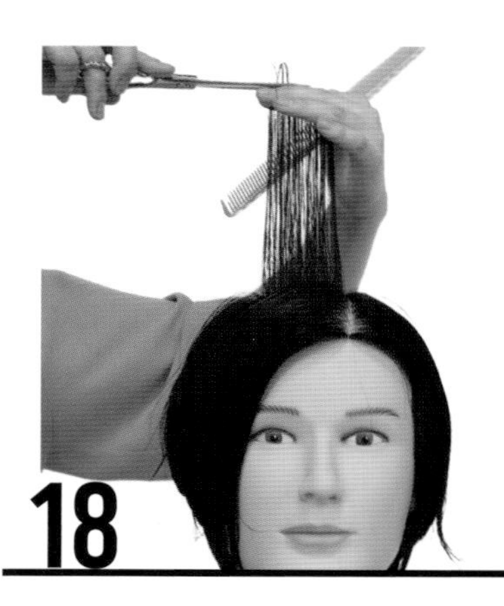

가이드라인을 중심으로 오른쪽과 왼쪽 영역도 방향 분배하여 평면 커팅한다.

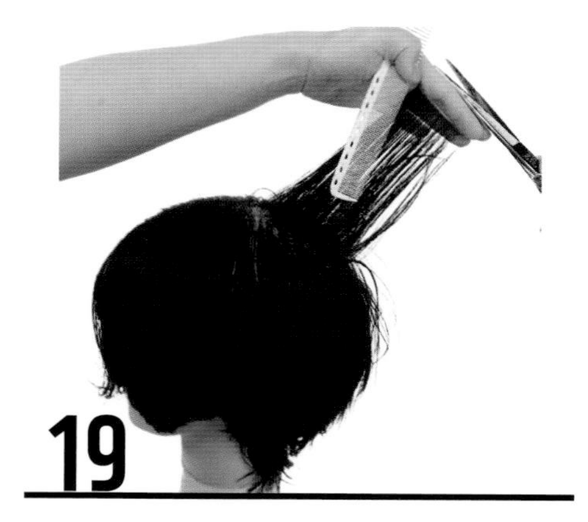

G.P에서 두상으로부터 90° 방향으로 빗질한 후 코너를 제거한다.

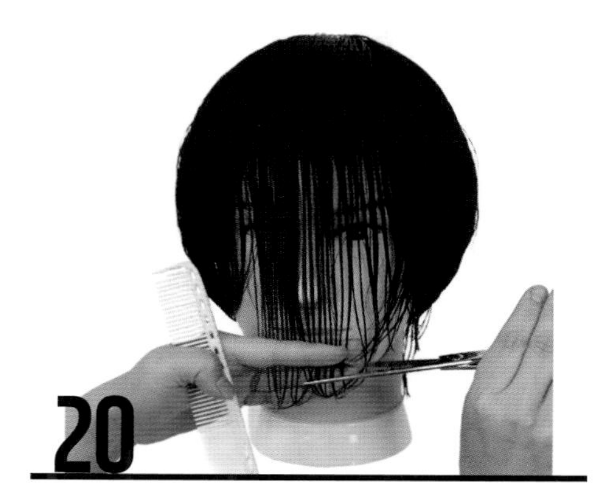

프론트 영역의 모발을 자연 시술각으로 빗어 아웃라인(수평선)을 설정한다.

길이 커트(형태 완성)가 끝난 후, 틴닝 가위를 이용하여 오버 섹션부터 질감 처리(노멀 테이퍼링)를 한다.

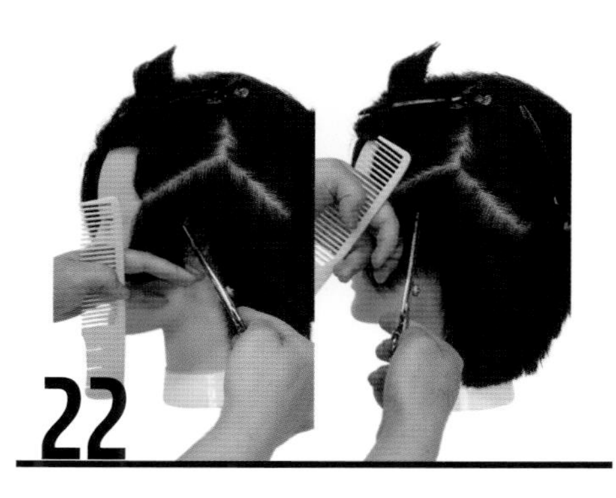

아웃라인 주변은 가위 끝을 이용하여 딥테이퍼링 해 준다.

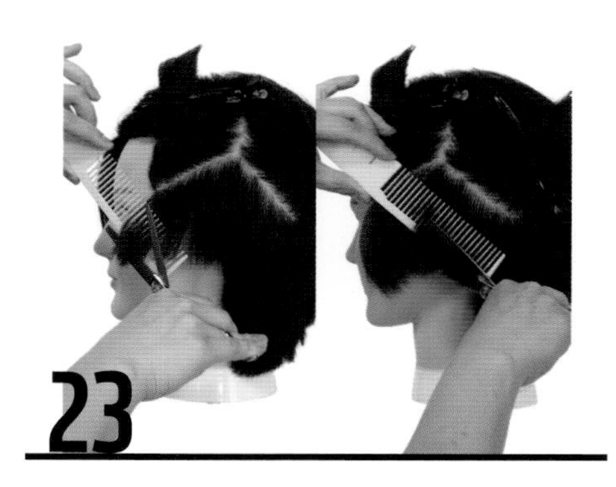

모발 길이가 짧은 부분은 오버콤 테크닉을 활용하여 질감 처리를 한다.

S.P의 위쪽 영역은 노멀 테이퍼링을 한다.

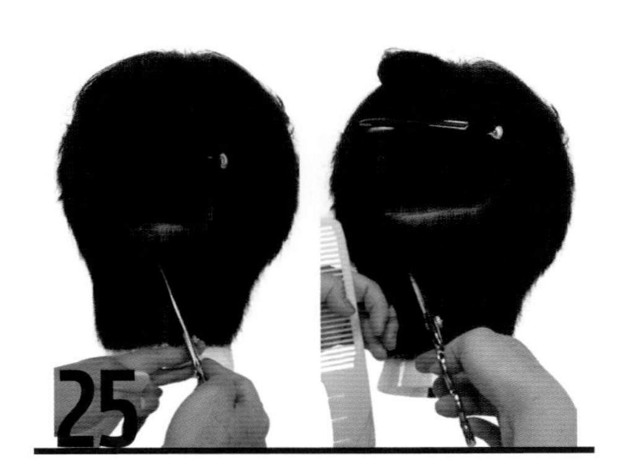

뒷부분도 옆면과 동일하게 질감 처리를 한다.

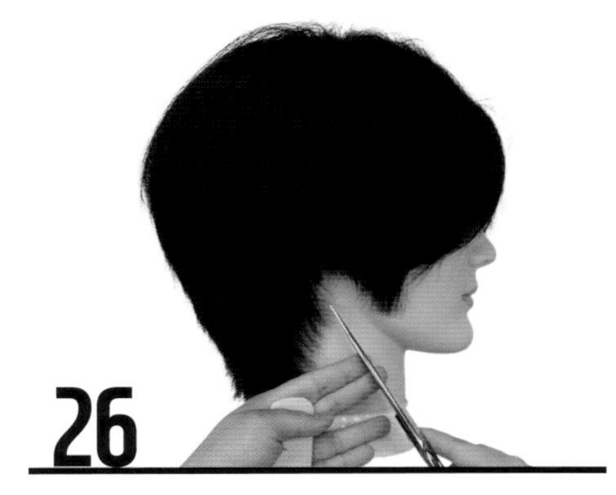

질감 처리가 끝난 후 블런트 가위를 이용하여 아웃라인을 정돈한다.

슬라이싱 기법을 이용하여 스타일링 방향에 맞추어 겉표면 질감을 표현해 준다.

밀어깎기 기법으로 겉표면의 잔 머리카락을 정돈해 준다.

완성된 모습

Leaf Style

Leaf Style

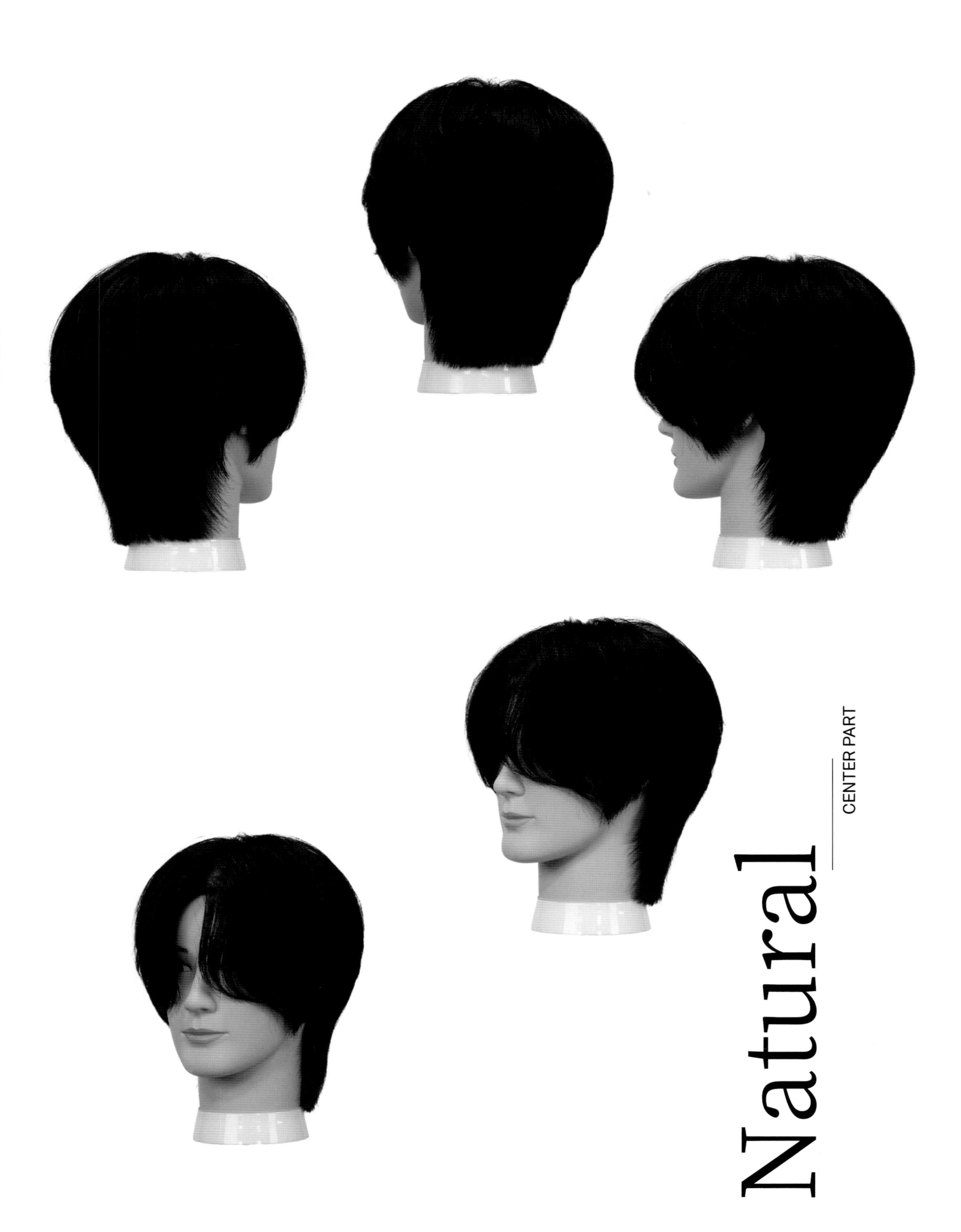
Natural
CENTER PART

Creative

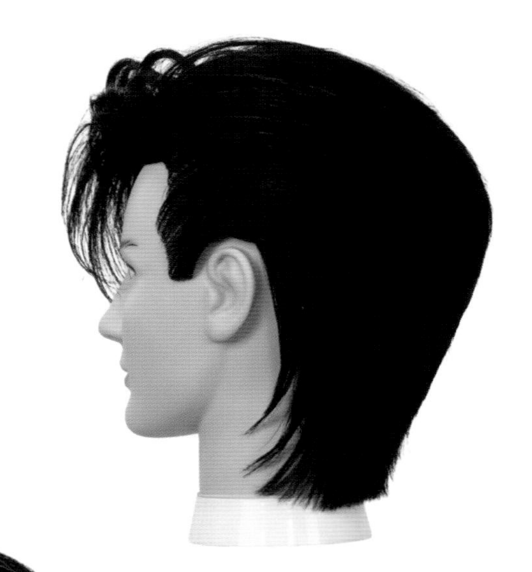

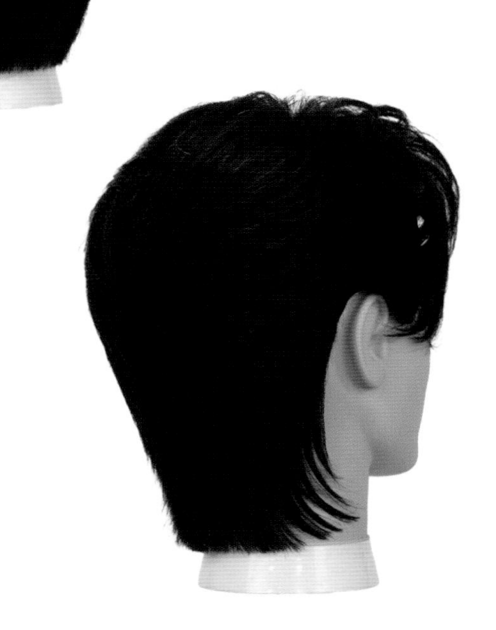

Leaf Style

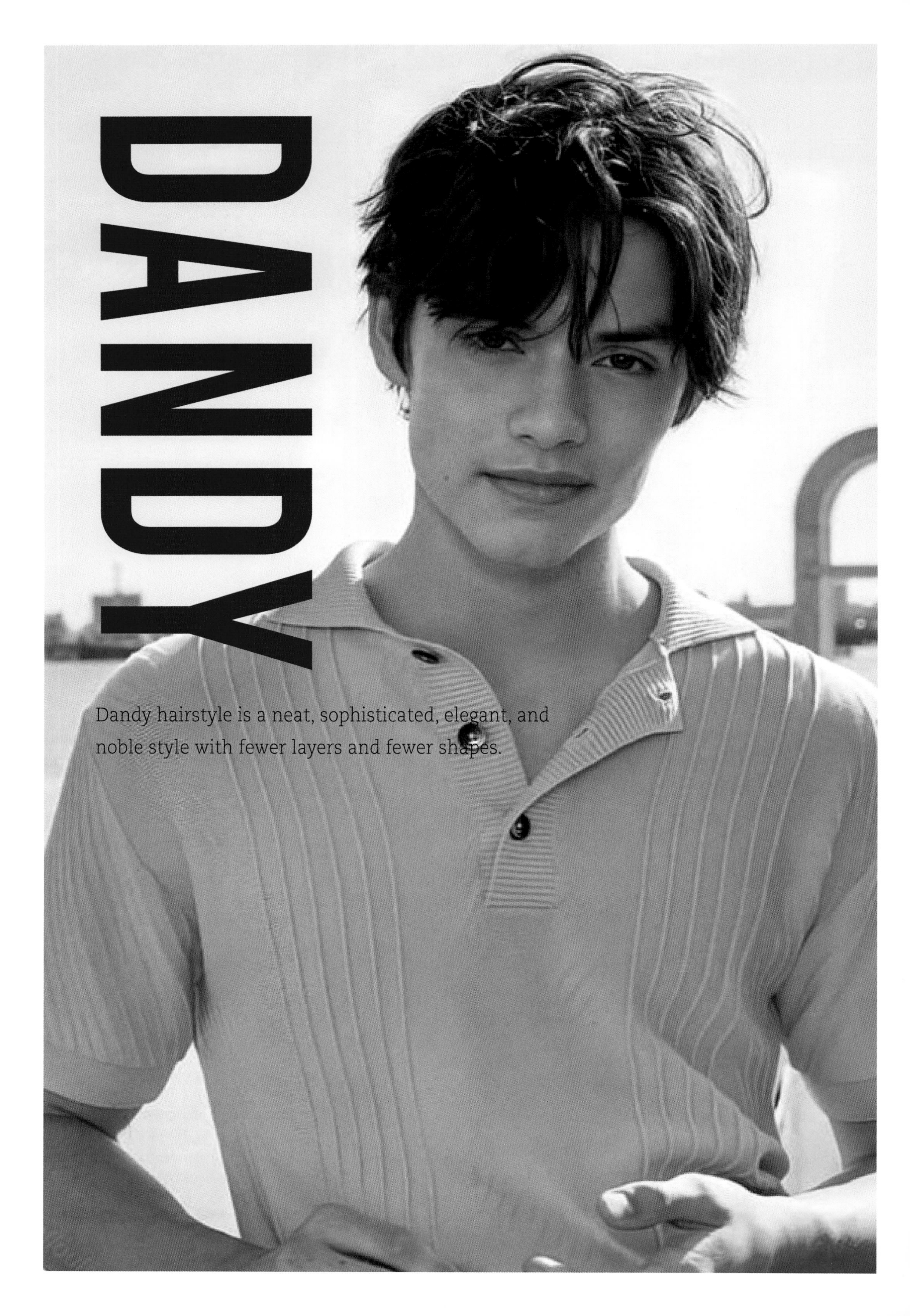

DANDY

Dandy hairstyle is a neat, sophisticated, elegant, and noble style with fewer layers and fewer shapes.

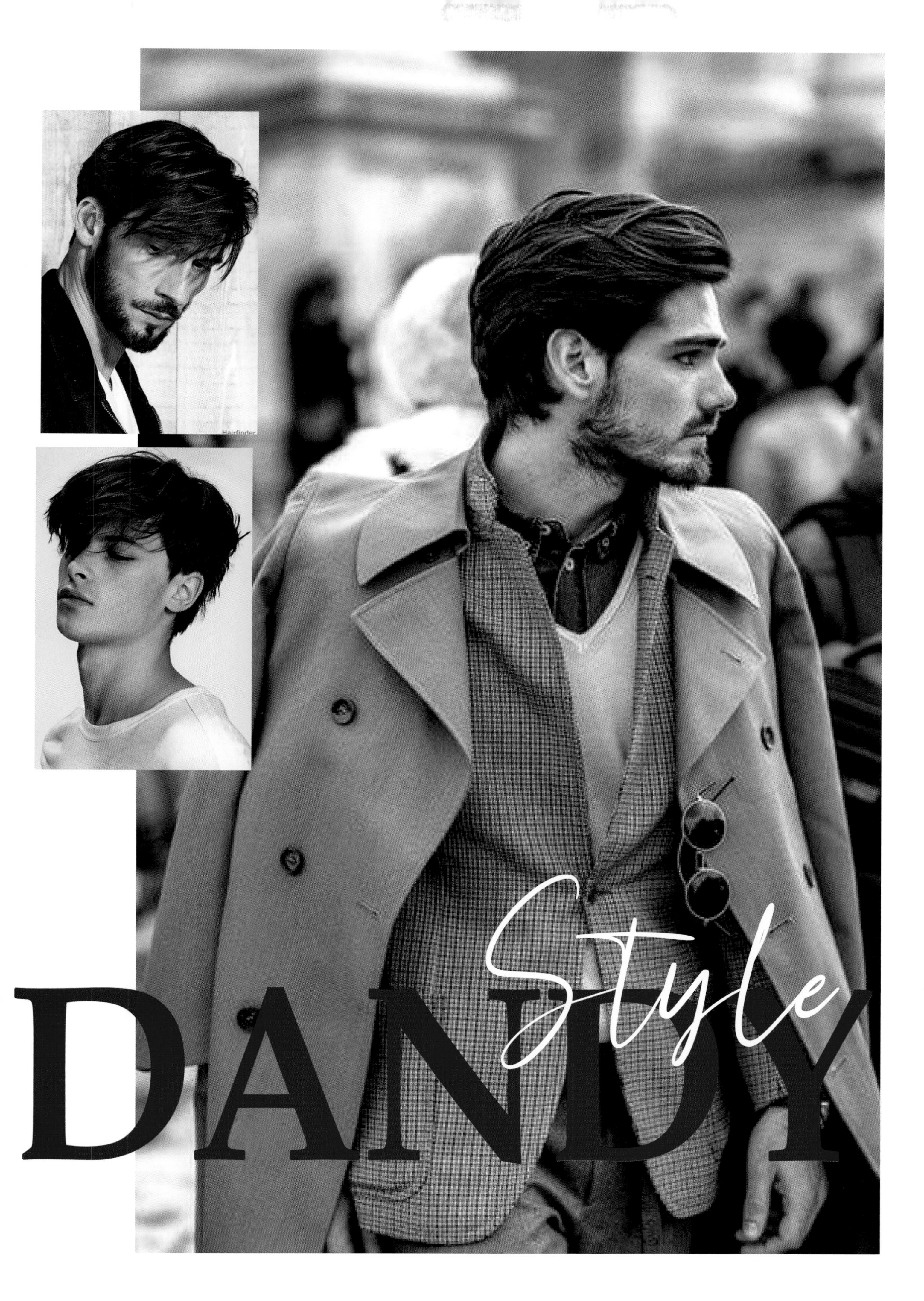
Hairfinder
Style
DANDY

'댄디 스타일'이란?

댄디(dandy)는 18세기 말에서 19세기 초 영국 사교계에서 시작된 우아하고 세련된 몸가짐의 멋쟁이를 가르키며, '멋쟁이, 멋을 많이 부리는 남자'라는 사전적 의미를 갖고 있다. 따라서 댄디 헤어스타일은 층이 적고 모량을 적게 감소하여 단정하면서도 세련된, 우아하면서도 기품 있는 스타일을 말한다.

ABOUT HAIR CUT & STYLING

shape	square
section	수평(horiaontal), 사선(diagonal)
technique	지간깎기, 떠올려깎기, 나칭
finish work	벤트 브러시와 라운드 브러시를 이용한 블로드라이
products	무광 타입의 포마드, 하드 스프레이

PROCEDURE

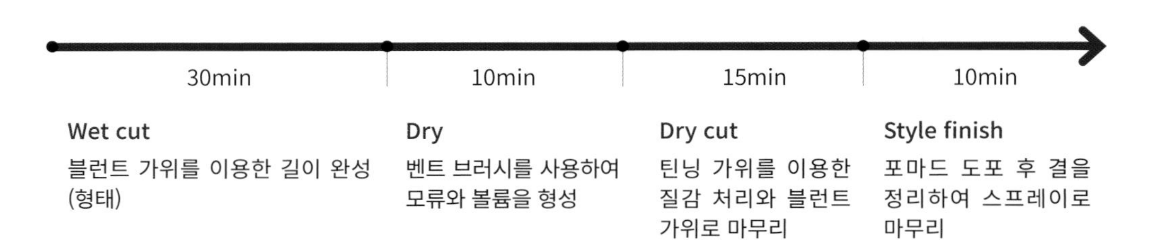

KEY POINT

- ▸ 단정한 이미지를 연출하기 위해 인테리어 영역의 길이를 길게 하여 층이 적은 그래주에이션의 형태를 갖는다.
- ▸ 전체적으로 모량은 적게 감소하며, 엔드 테이퍼링을 하여 모발 끝의 블런트한 느낌만 자연스럽게 질감 처리해 준다.
- ▸ 구레나룻, 네이프 등의 발제선 부분(형태선)은 노멀 또는 딥 테이퍼링하여 세련되면서도 단정한 질감을 연출한다.

dandy style

Head Sheet & Finished Look

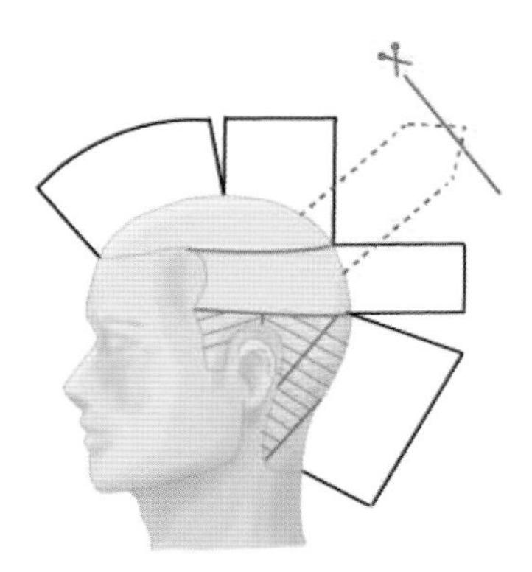

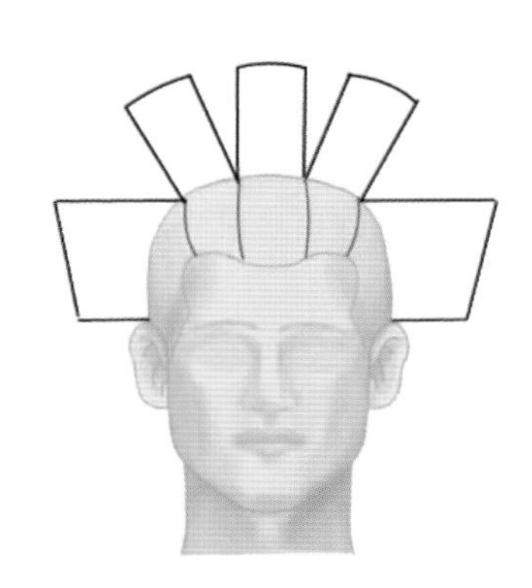

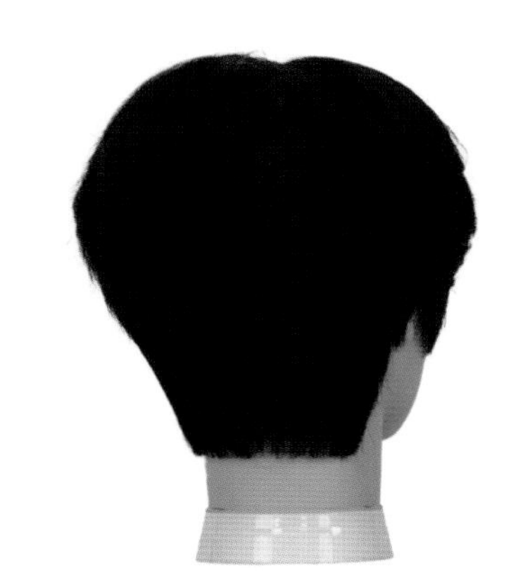

BACK

FRONT

SIDE

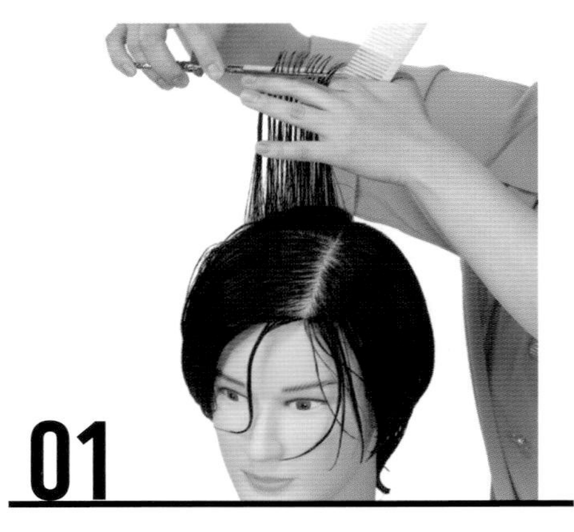

T.P에서 가이드라인을 설정한 후, T.P 뒤쪽 영역은 위로 똑바로 방향 분배하여 커트한다.

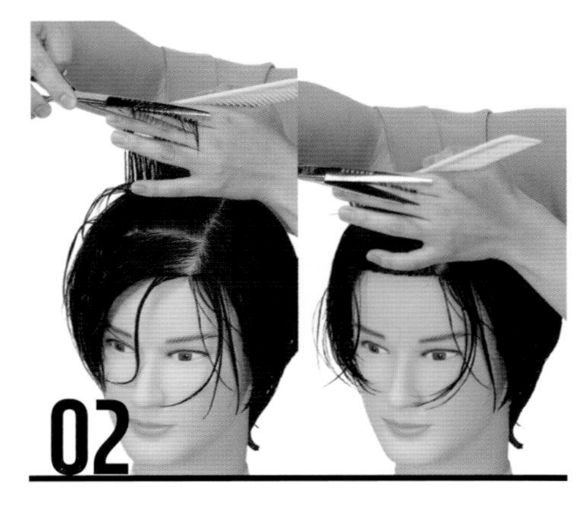

T.P 앞쪽 영역은 두상으로부터 90°로 빗질하여 커트한다.

상단부는 영역의 옆면(side)은 옆으로 똑바로 방향 분배하여 커트한다.

상단부 영역의 뒷면(back)은 뒤로 똑바로 방향 분배하여 커트한다.

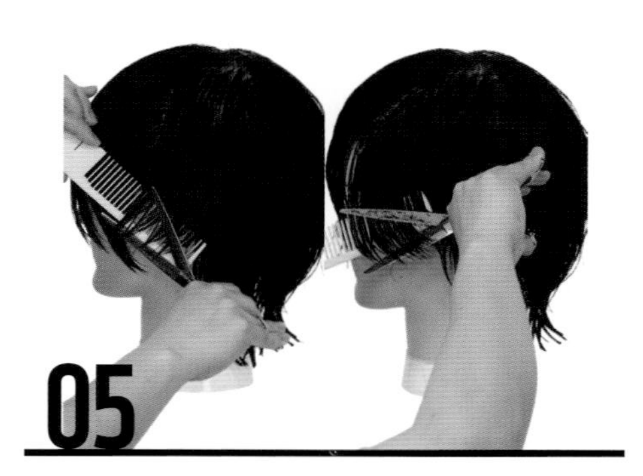

상단부 아래 영역은 시저스 오버 콤 테크닉을 활용한다. 측면은 귀를 중심으로 앞쪽은 전대각, 뒤쪽은 후대각 라인으로 커트한다.

페이스라인 부분은 얼굴 쪽으로 당겨 빗어 후대각 라인으로 구레나룻 모양을 형성한다.

07

N.S.P 부분은 각도를 들어 올려(높은 시술각) 길이가 짧아지지 않도록 주의한다.

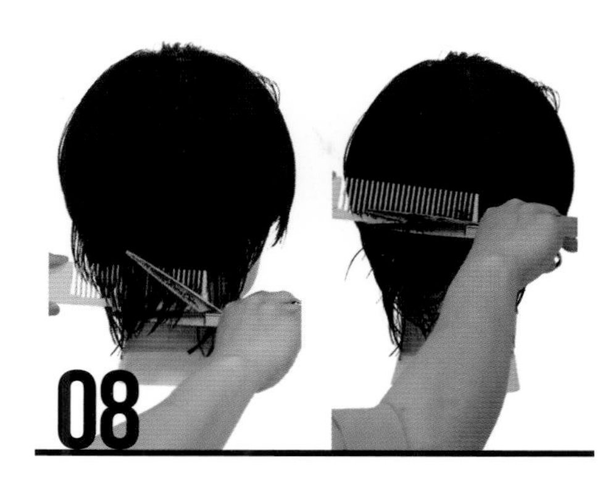

뒷면 중앙에 가이드라인(수평)을 형성한다.

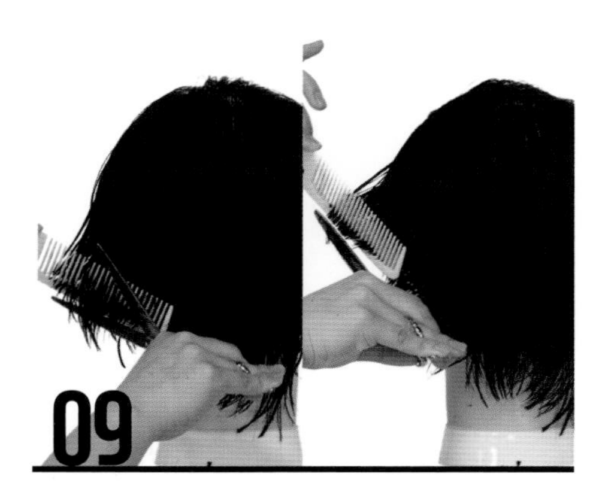

중앙의 가이드라인에 맞추어 후대각 라인으로 커트하여 옆면의 길이와 연결한다.

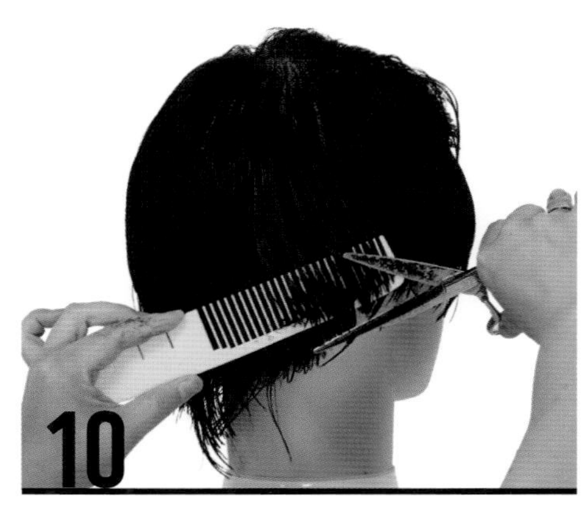

뒷면 커트 시에도 N.S.P 부분은 높은 시술각으로 커트하며, B.P 부분에 컨백스 라인이 연출되어야 한다.

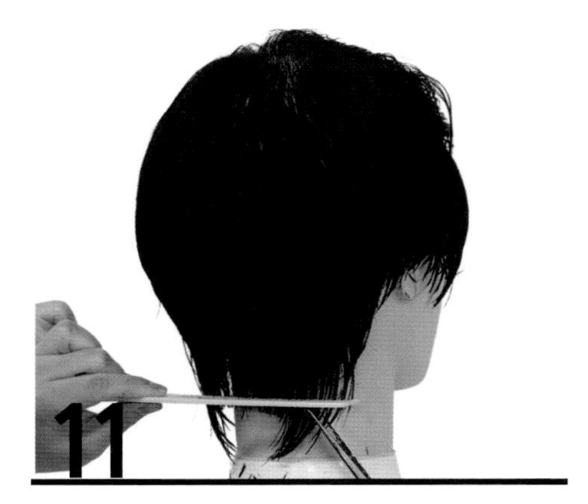

형태선을 수평선으로 커트한다.

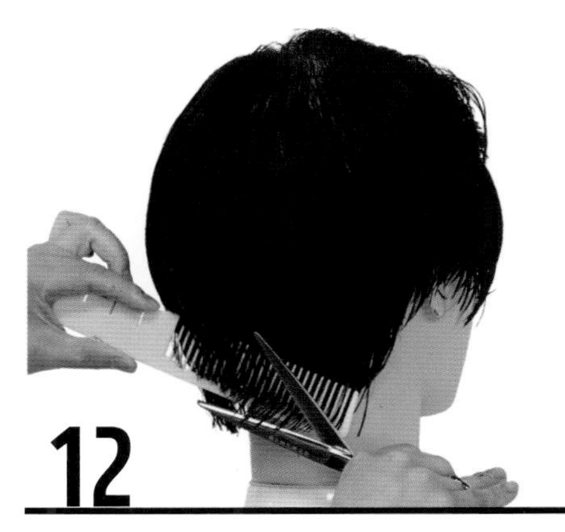

하단부(귀 중간 아래 영역)는 빗을 전대각으로 위치하여 컨케이브 라인으로 체크 커트한다.

프론트 영역을 자연 시술각으로 빗질 한 후, 형태선(수평선)을 설정한다.

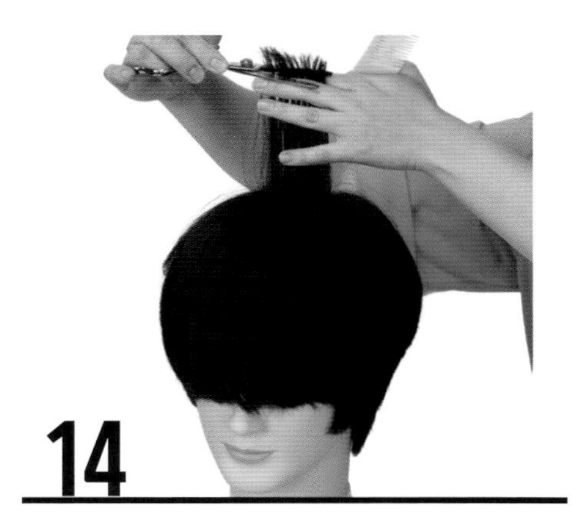

틴닝 가위를 이용하여 천정부 영역을 엔드 테이퍼링을 한다.

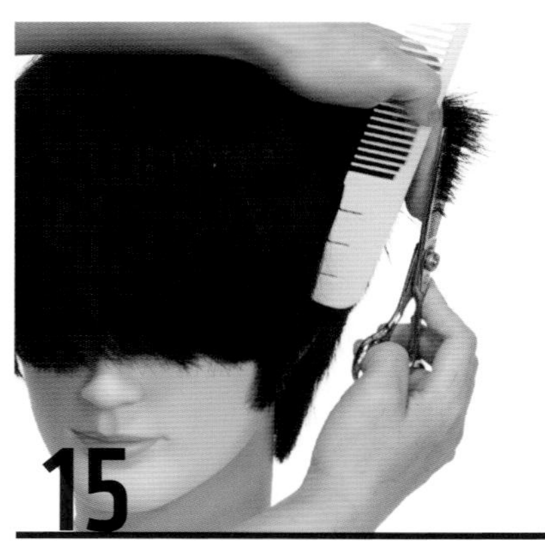

상단부 영역도 엔드 테이퍼링을 한다.

옆면의 상단부 아래 영역은 시저스 오버 콤 테크닉을 활용한다. 길이 커트 때와 동일한 빗 기울기를 유지하며 엔드 테이퍼링을 한다.

발제선(형태선) 부분은 모발의 양에 따라 딥 또는 노멀 테이퍼링을 하여 볼륨감을 감소한다.

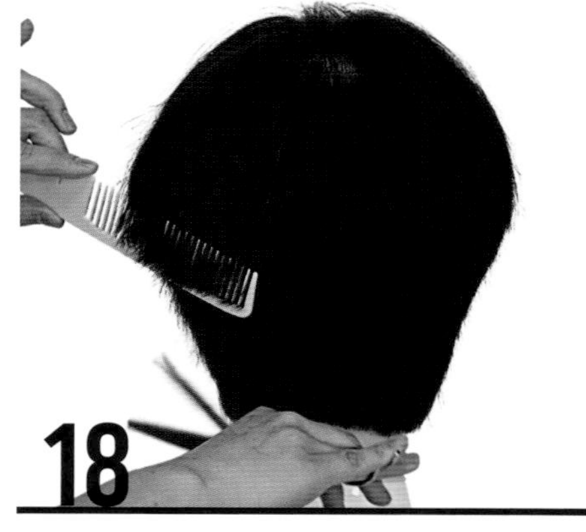

뒷면의 상단부 아래 영역 또한 길이 커트와 동일한 빗 기울기를 유지하며 엔드 테이퍼링을 한다.

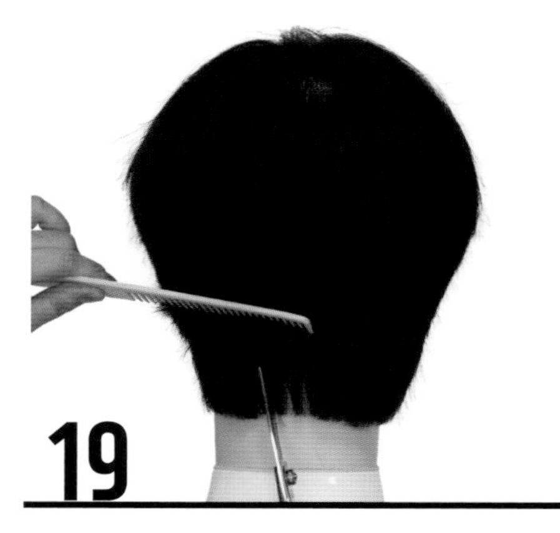

네이프 라인의 질감이 자연스럽게 연출되도록 발제선 부분에는 딥 테이퍼링을 한다.

프론트 영역도 자연 시술각으로 빗질한 후, 모발의 양을 체크 커트한다.

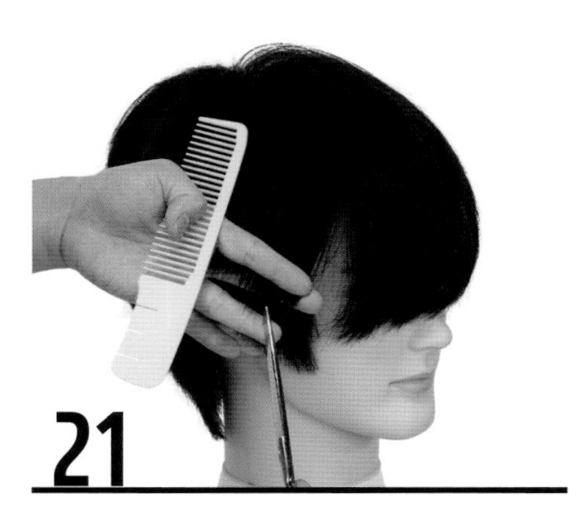

블런트 가위로 리파인 커트를 한다.

리파인 커트 시 모량이 많은 부분은 가위 끝을 이용하여 모량을 제거해 준다.

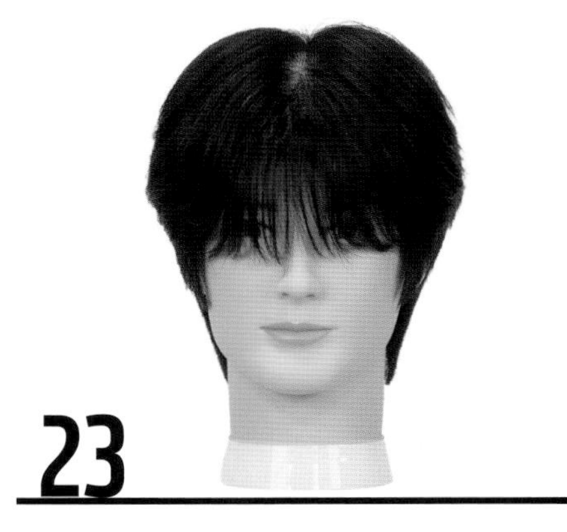

완성된 모습

Dandy Style

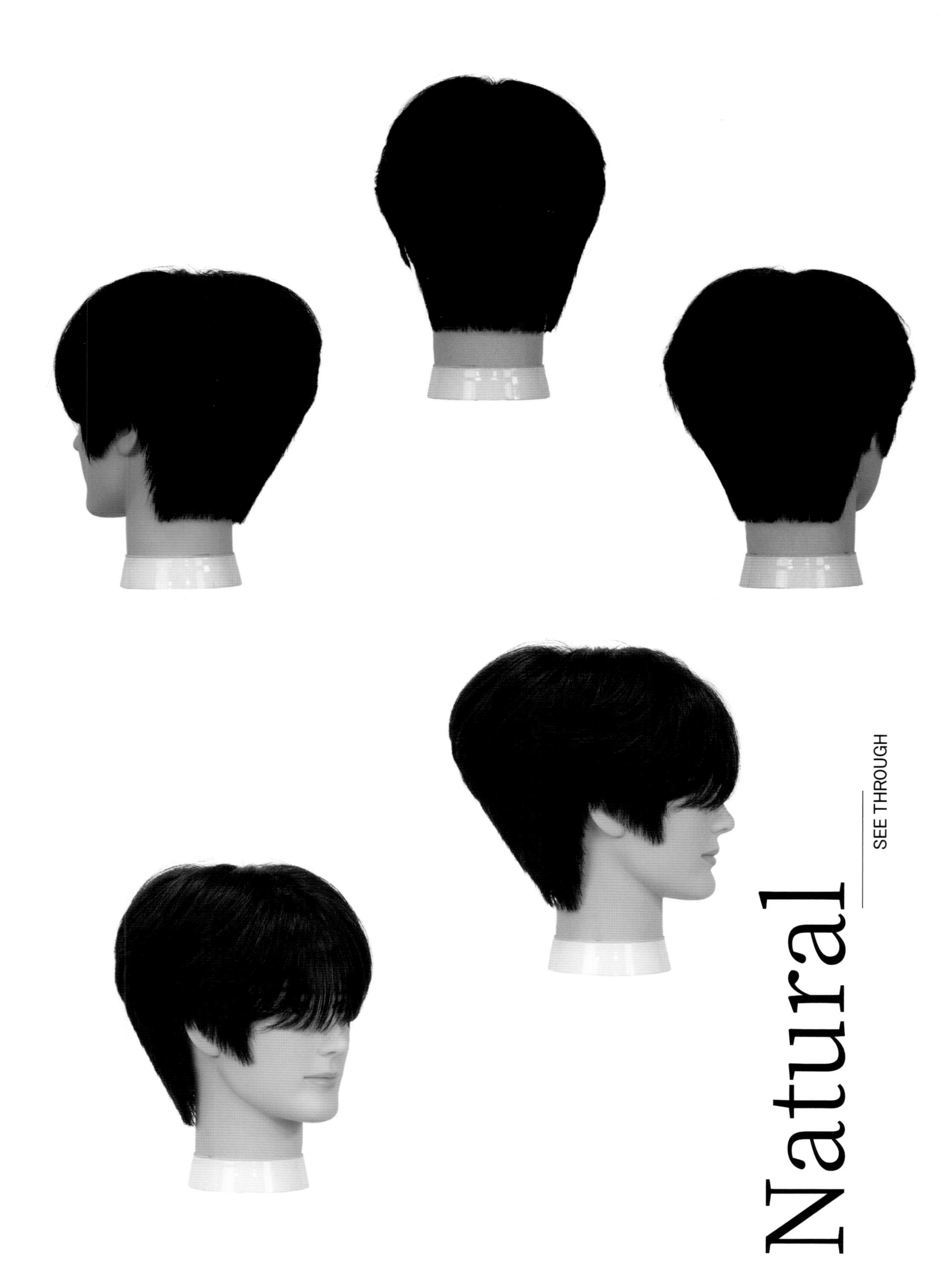
Natural
SEE THROUGH

Elegance
SIDE PART

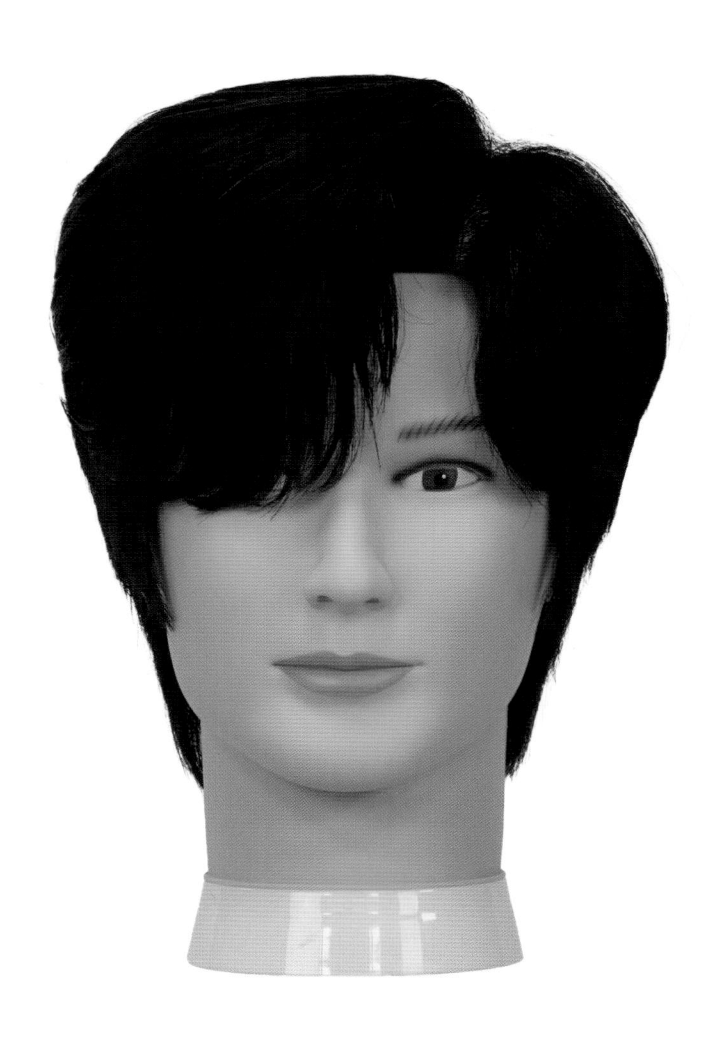

Dandy Style

GUILE

Guile has a strong masculine image as a character in the game. The character's hairstyle makes the sides slim and the front hair stands up.

GUILE
Style

'가일 스타일'이란?

'가일'은 게임 속 등장인물(캐릭터)로서 강한 남성적인 이미지를 갖고 있다. 이 캐릭터의 헤어스타일은 옆을 슬림하게 하고, 프론트의 모발은 위로 세워져 있다. 가일 헤어스타일은 길이와 스타일 방향이 게임 속 캐릭터와 동일하진 않지만 강한 남성적인 이미지를 나타내며, 주로 가르마를 나누어 가르마 쪽 영역의 모발은 뒤로 넘겨주고, 반대쪽 영역은 프론트의 모발에 C 또는 S컬을 주어 이마를 덮어 주는 스타일을 말한다.

ABOUT HAIR CUT & STYLING

shape	square
section	수평(horiaontal), 사선(diagonal)
technique	지간깎기, 오버 콤 테크닉, 밀어깎기
finish work	벤트 브러시를 이용한 블로드라이
products	유광 타입의 포마드, 하드 스프레이

PROCEDURE

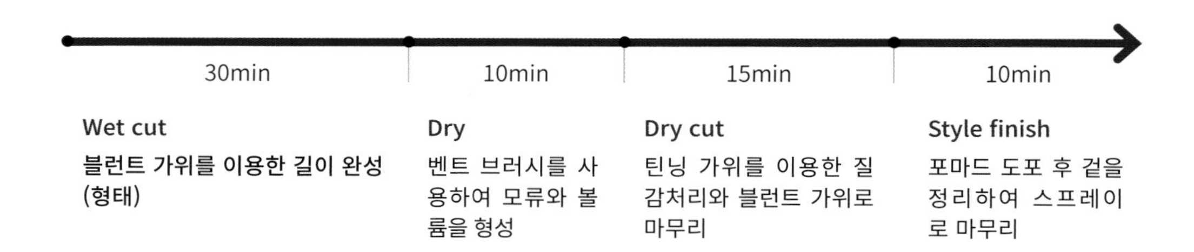

KEY POINT

- ▸ 모류가 잎 모양처럼 보이기 위해서는 주로 5:5 가르마를 나누어 준다.
- ▸ 프론트의 모발 길이가 길어야 옆으로 넘어가는 흐름을 연출할 수 있다.
- ▸ 모발 끝이 나뭇잎의 모양처럼 보일 수 있도록 엔드 테이퍼링을 가볍게 해 준다.

Guilestyle

Head Sheet & Finished Look

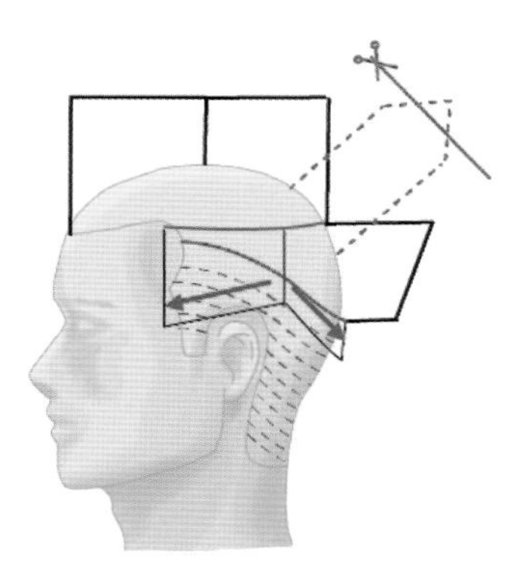

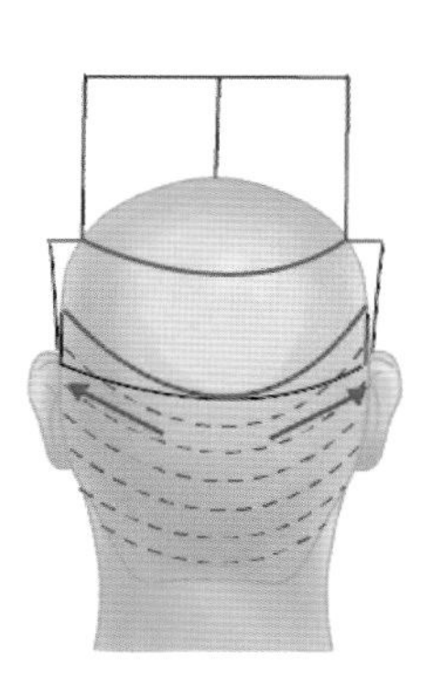

BACK

FRONT

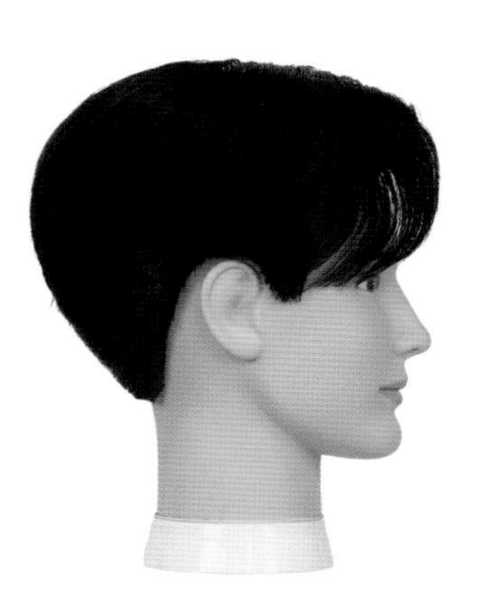

SIDE

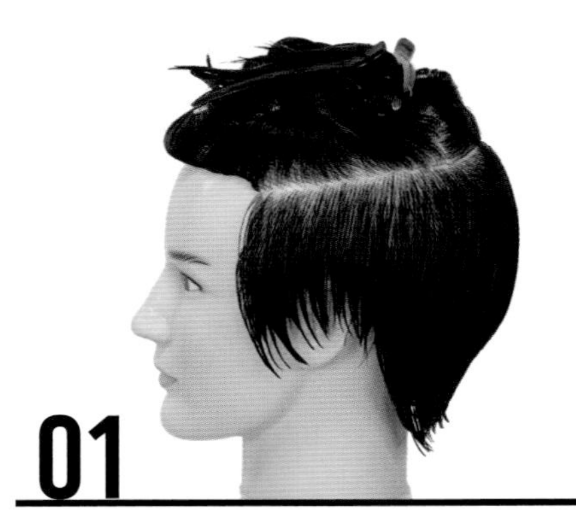

F.S.P에서 말발굽 모양으로 파팅하여, 언더 섹션과 오버 섹션으로 블로킹한다.

언더 섹션의 E.P 앞쪽 영역에 수평 라인으로 무게선을 설정한다. 바디 포지션은 '스퀘어'를 유지한다.

무게선 아래 영역을 클리퍼 오버 콤 테크닉으로 그러데이션 커트한다.

E.P 뒤쪽 영역은 후대각 라인(30~40° 기울기)으로 무게선을 설정하고, 오버 콤 테크닉으로 그러데이션 커트한다.

아웃라인(이어라인, 구레나룻)을 정리한다.

구레나룻 부분을 얼굴 쪽으로 당겨 빗어 후대각 라인으로 체크 커트한다.

E.B.P 뒤쪽 영역은 돌려깎기 기법을 활용하여 그러데이션 커트한다. 반대쪽 옆면도 동일하게 커트한다.

양쪽 옆면 커트가 끝난 후, 뒷면 B.P에 무게선을 설정한다.

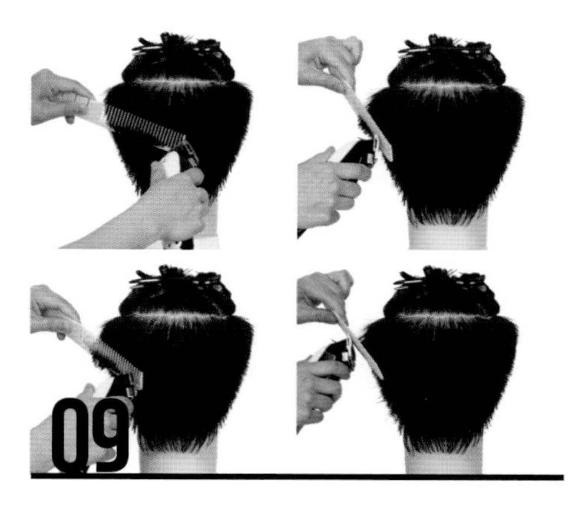

B.P의 가이드와 연결하여 컨벡스 라인으로 무게선을 형성한다.

무게선 아래 영역은 클리퍼 오버 콤 테크닉을 활용하여 그러데이션 커트한다.

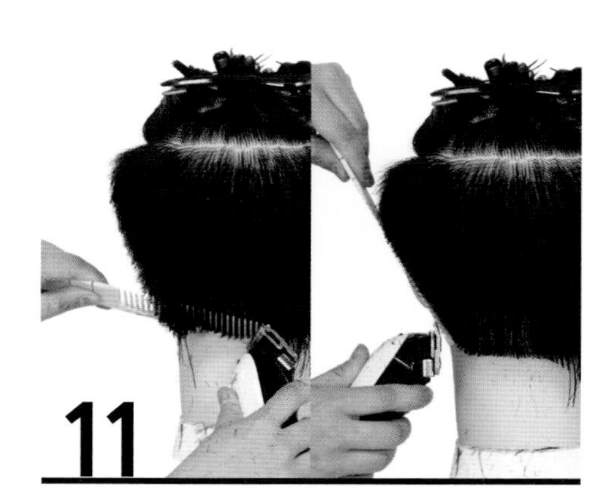

아웃라인 주변을 깔끔하게 다듬어 준다.

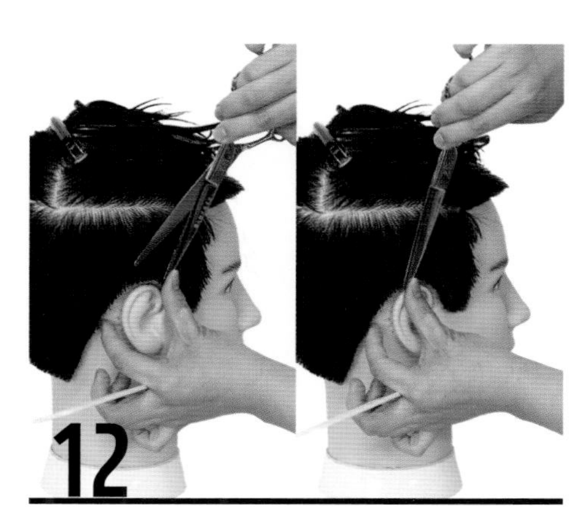

클리퍼로 커트 후 밀어깎기 기법으로 겉표면의 잔 머리카락을 다듬어 준다.

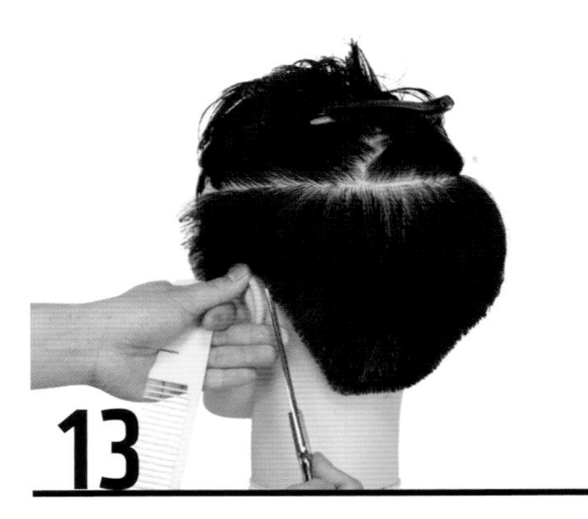

형태선(outline)에 잔 머리카락을 아웃라이닝한다.

오버 섹션은 T.P에서 가이드 설정(약 8~10cm) 후 위로 똑바로 방향 분배하여 커트한다.

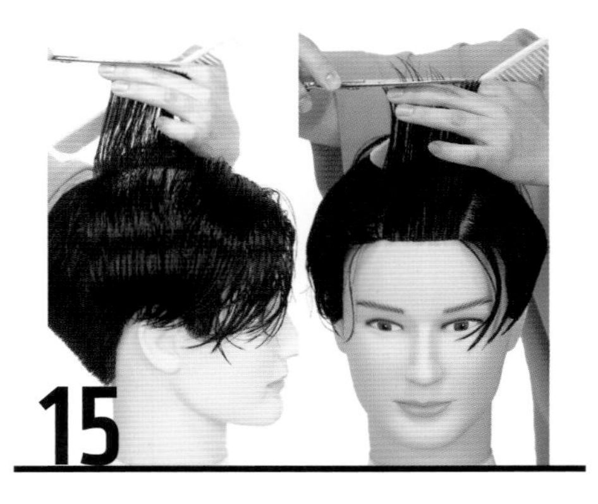

T.P의 가이드에 맞추어 오버 섹션 영역의 전체를 평면 커팅한다.

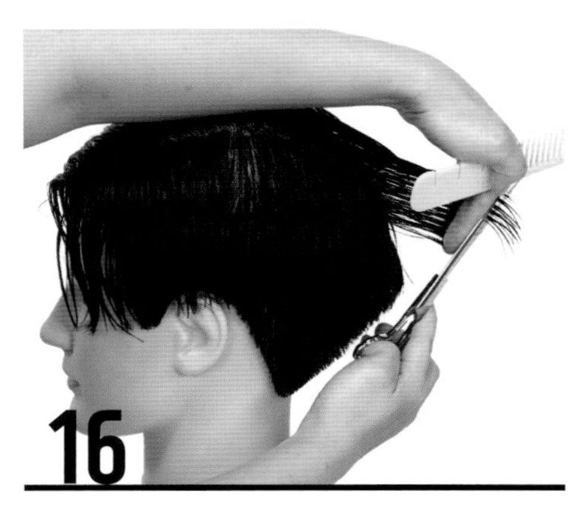

B.P ~ G.P 사이 영역을 오버 섹션의 가이드에 맞추어 높은 시술각으로 커트한다.

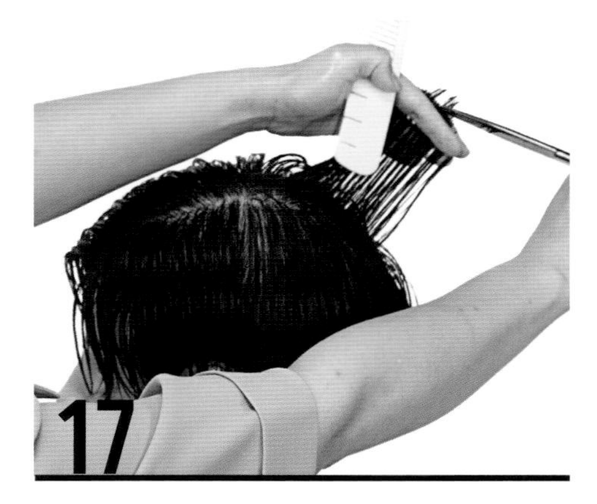

가마 부분을 두상으로부터 90° 방향으로 빗질하여 코너를 제거한다.

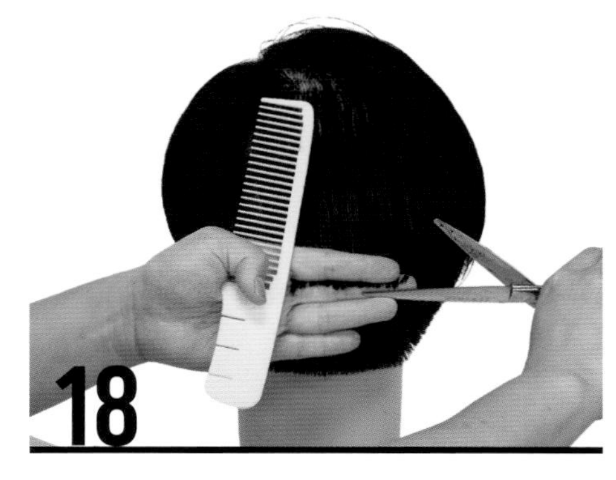

자연 시술각으로 빗질한 후 무게선보다 긴 길이를 체크 커트한다(시술각 45°).

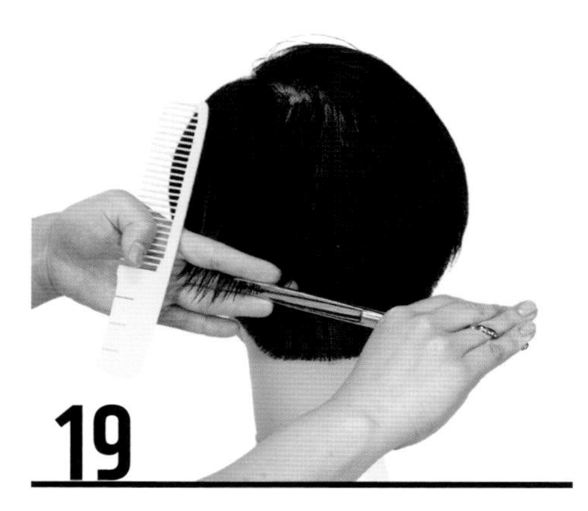

'18' 과정에서 형성된 가이드에 연결하여 후대각 라인으로 커트한다.

뒷면에서 보았을 때 보이는 부분(네이프 코너)까지 양쪽을 후대각으로 연결하여 컨벡스 라인을 연출한다.

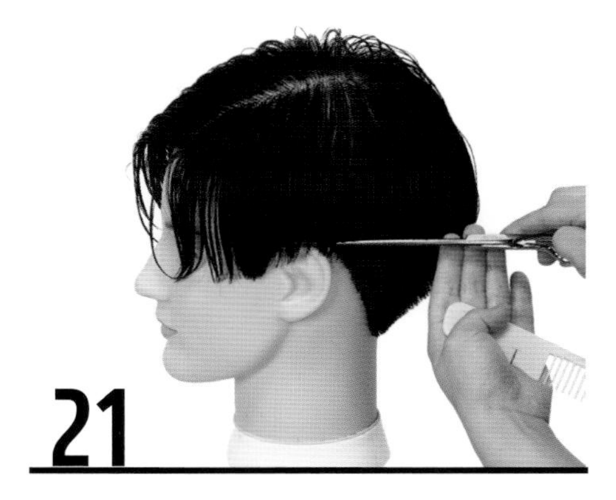

자연 분배 후, E.B.P에서 옆면의 길이 가이드를 설정한다.

가이드에 연결하여 얼굴 쪽은 전대각 라인(프론트의 길이에 따라 기울기를 설정)으로 커트한다.

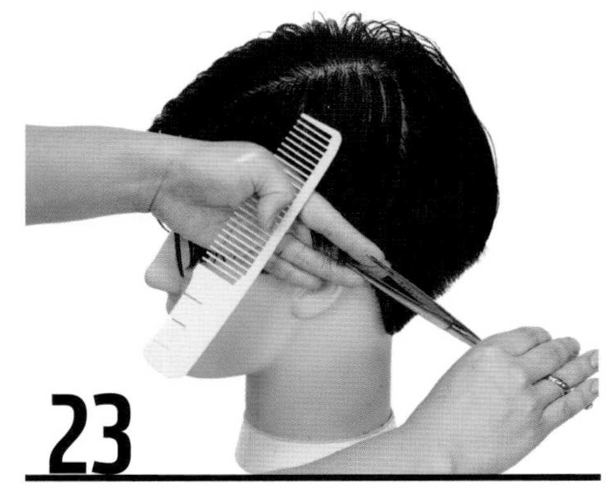

뒤쪽은 후대각 라인으로 커트하여 후두부의 컨벡스 라인과 연결한다.

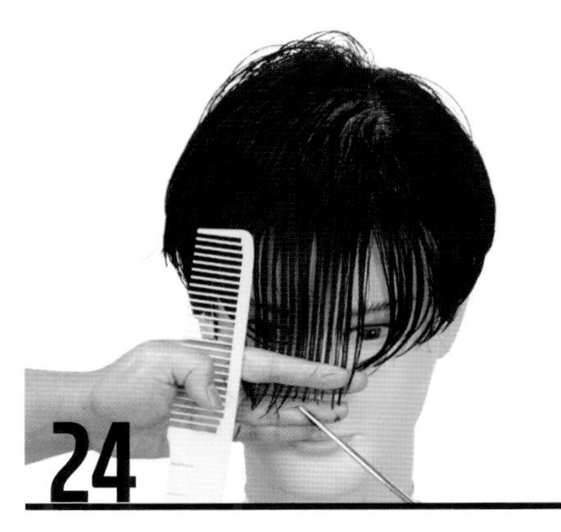

프론트 영역의 모발을 자연 시술각으로 빗어 아웃라인(수평선)을 설정한다.

길이 커트(형태)가 끝난 후, 틴닝 가위를 이용하여 오버 섹션부터 질감 처리(노멀 테이퍼링)를 한다.

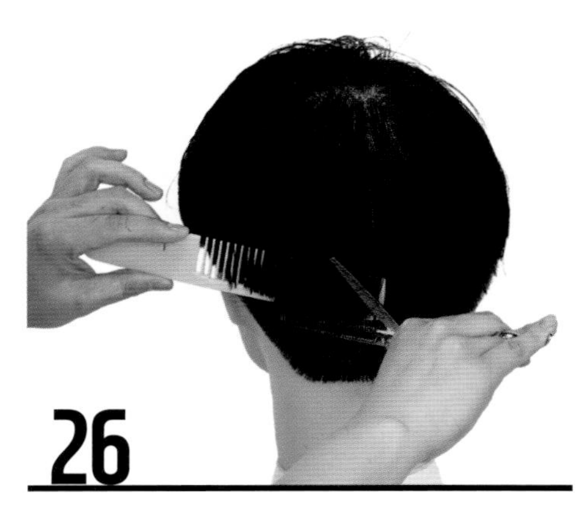

언더 섹션의 뒷부분은 오버 콤 테크닉을 활용하여 엔드 테이퍼링을 한다.

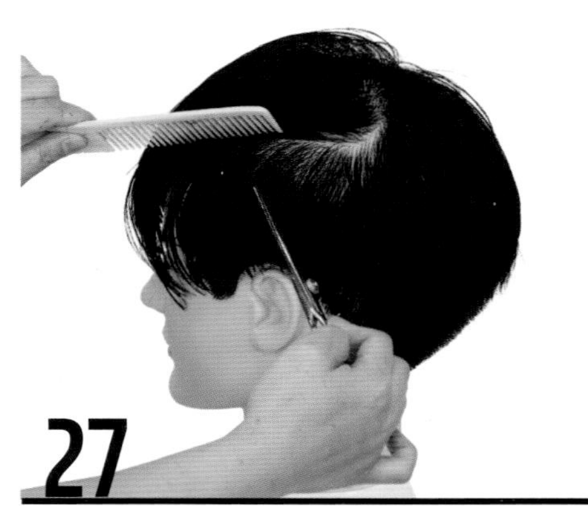

자연 시술각으로 빗은 후 모발이 뭉쳐 있는 부분은 가위 끝을 이용하여 딥 테이퍼링 해 준다.

질감 처리가 끝난 후 블런트 가위를 사용하여 리파인 작업을 한다. 후두부의 잔 머리카락은 오버 콤 테크닉으로 정리한다.

자연 분배 후 형태선과 겉표면의 잔 머리카락을 다시 정돈해 준다.

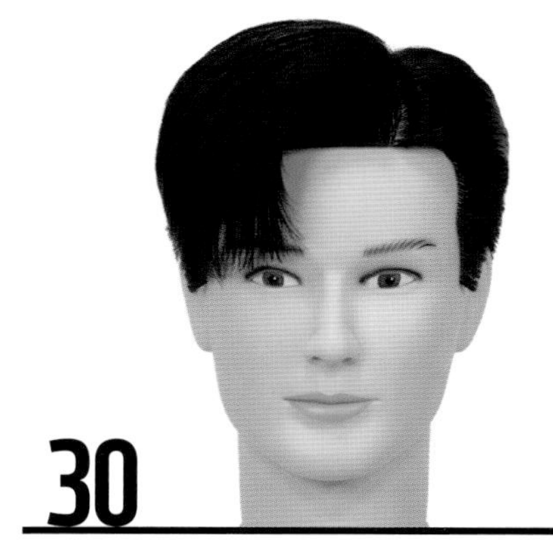

완성된 모습

Guile Style

Guild Style

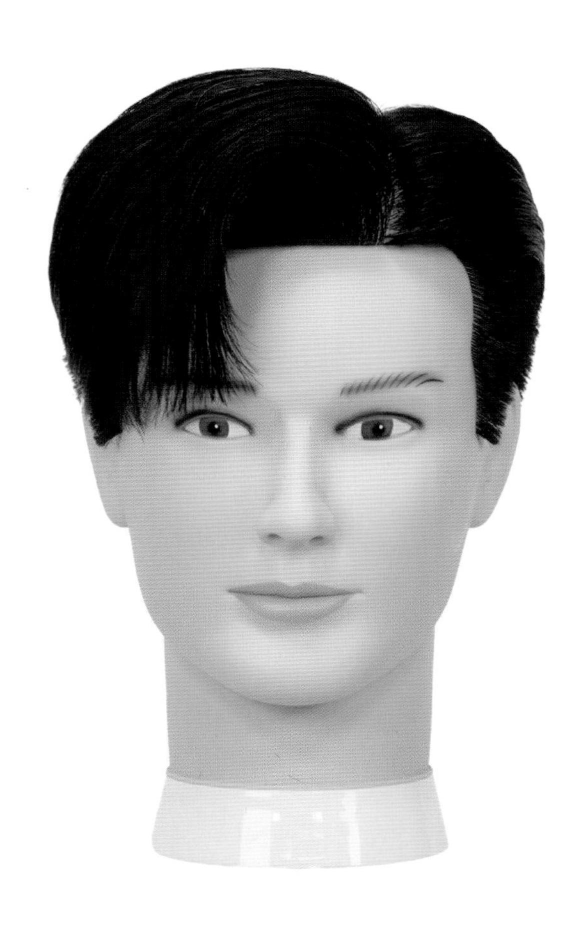

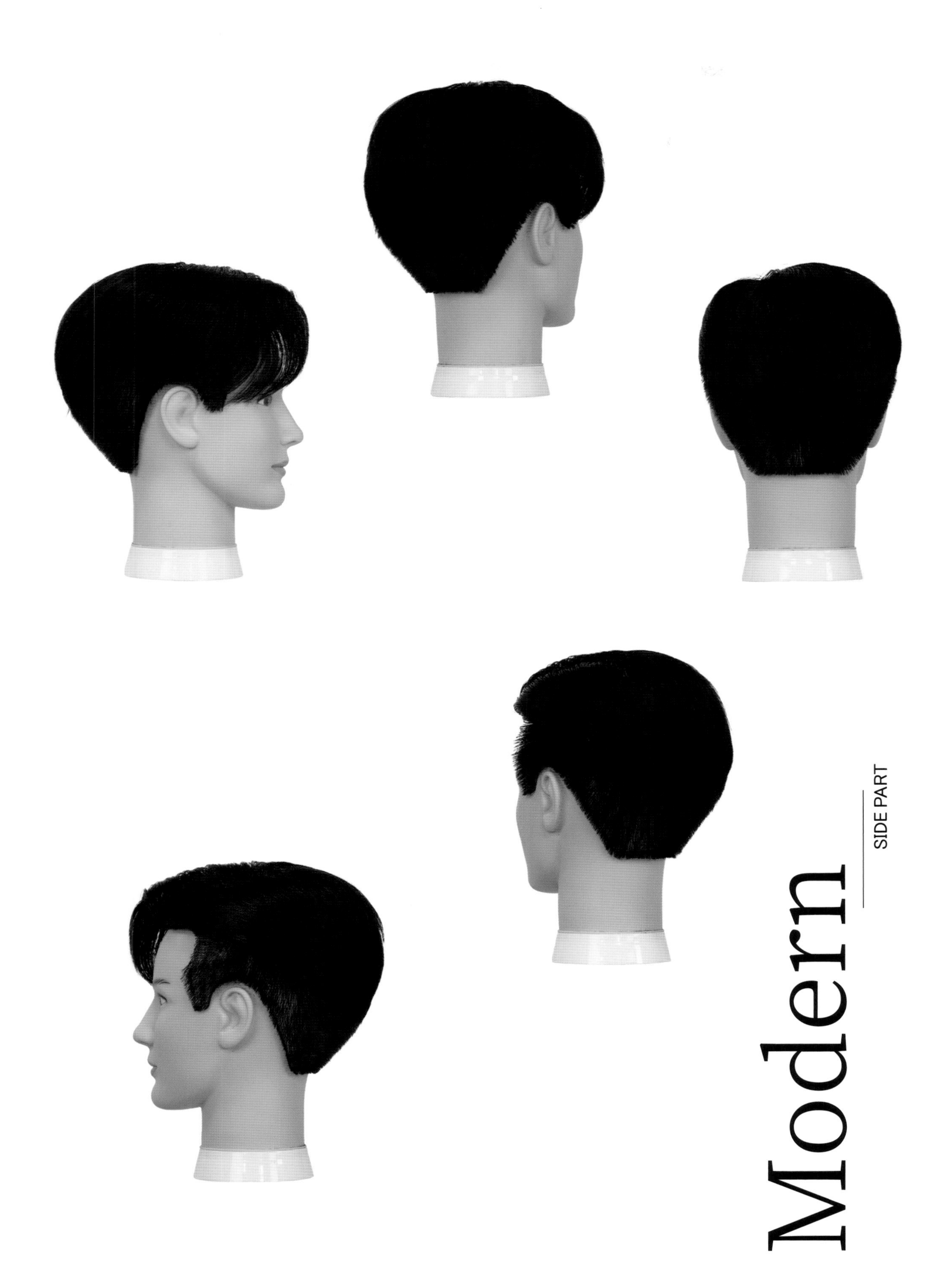
Modern
SIDE PART

Classic

SIDE PART

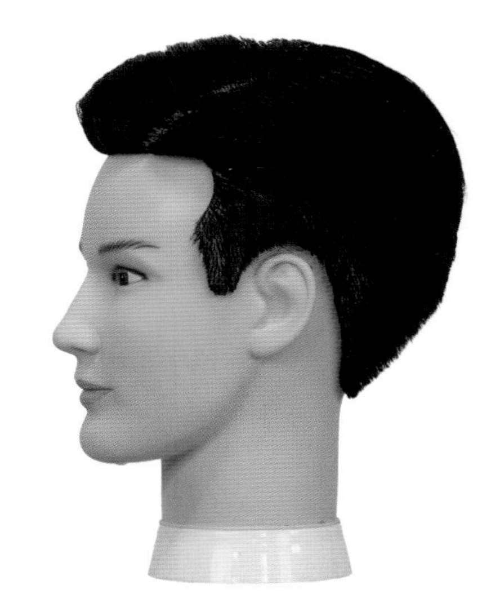

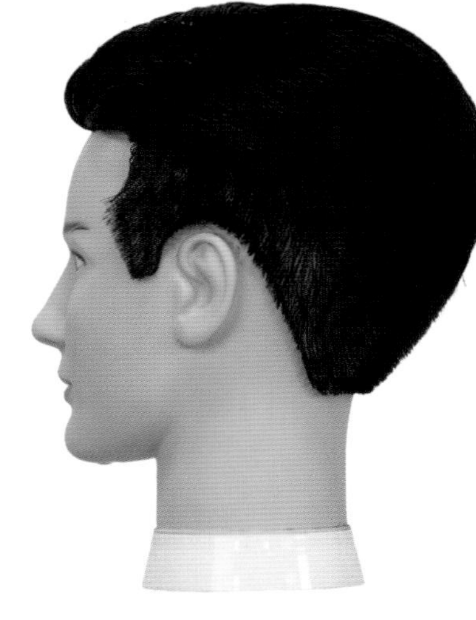

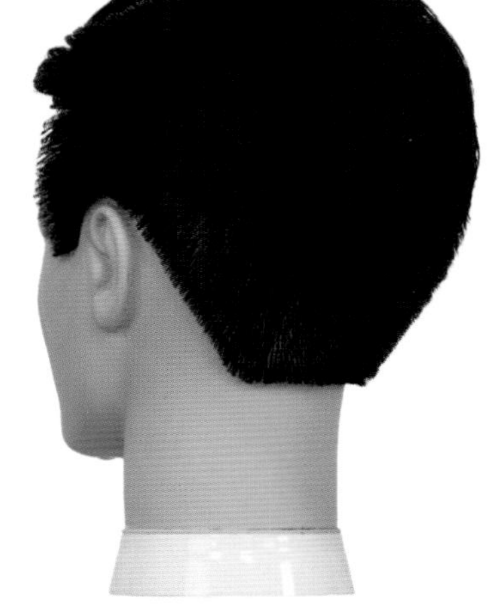

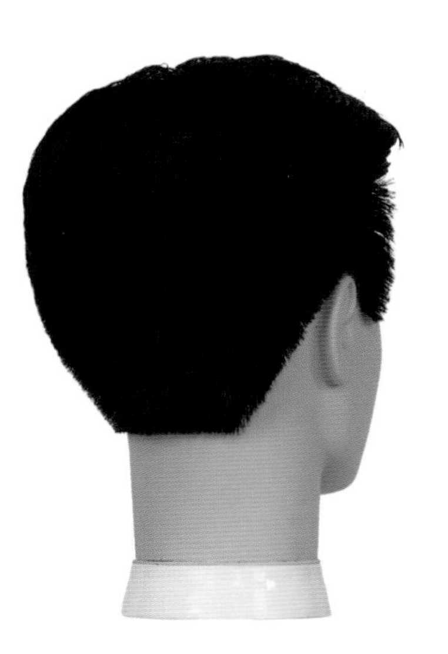

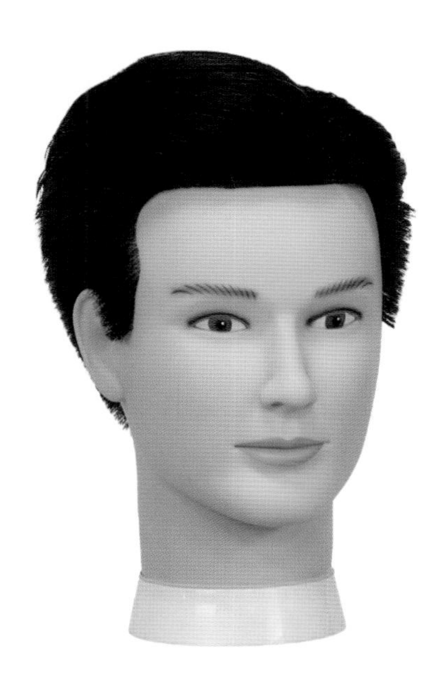

Guild Style

IVY-LEAGUE

In the United States, eight prestigious private universities say that students enjoyed their favorite private universities in the northeast of the United States.

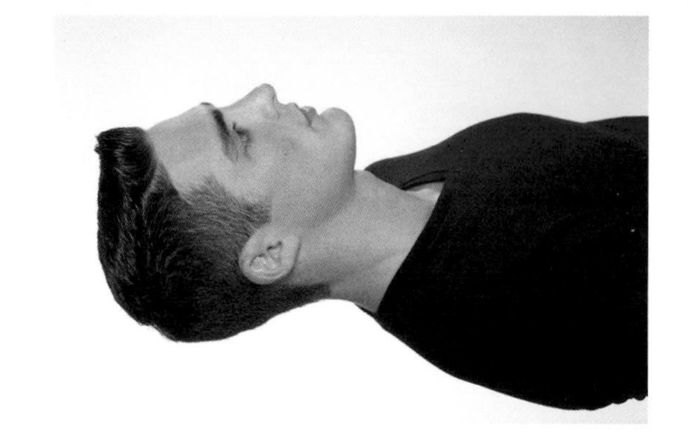

IVY LEAGUE *Style*

'아이비리그 스타일'이란?

미국 북동부에 있는 8개의 명문 사립대학 '아이비리그(ivy league)'의 학생들이 즐겨하던 스타일을 말한다. 우리나라에서 이 헤어스타일은 T.P의 두발 길이가 5cm 이하인 짧은 남성 헤어스타일로서 프론트의 모발을 위로 세워 스타일링한다.

ABOUT HAIR CUT & STYLING

shape	square
section	수평(horiaontal), 사선(diagonal)
technique	지간깎기, 오버 콤 테크닉, 나칭
finish work	손(핸드 드라이)과 벤트 브러시를 이용한 스타일링
products	무광 타입의 포마드, 하드 스프레이

PROCEDURE

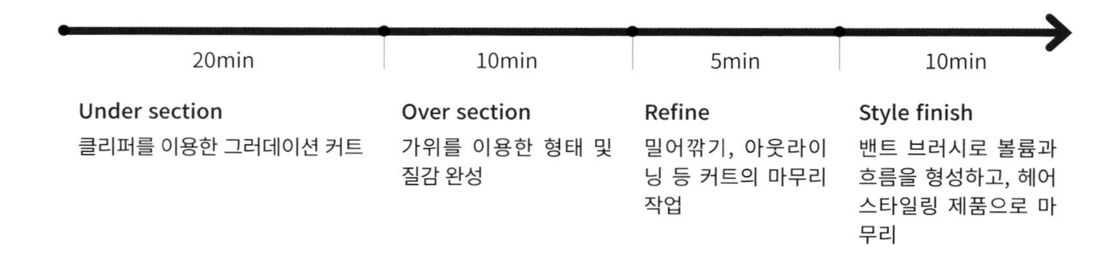

KEY POINT

- ▸ 언더 섹션에서 고객마다 선호하는 무게선의 위치가 다르지만 주로 옆면은 S.P 이상, 뒷면은 B.P 이상 위치로 높게 설정한다.
- ▸ 오버 섹션에서 평면 커트를 하게 되면 프론트의 길이가 길어지는데, 이 길이는 스타일링 방향대로 빗질 후 고객의 얼굴형과 이마 높이에 따라 어울리는 길이로 다시 커트를 해야 한다.
- ▸ 스타일링이 잘 될 수 있도록 테이퍼링의 깊이와 감소량을 적절하게 조절해야 한다.

Ivy league style

Head Sheet & Finished Look

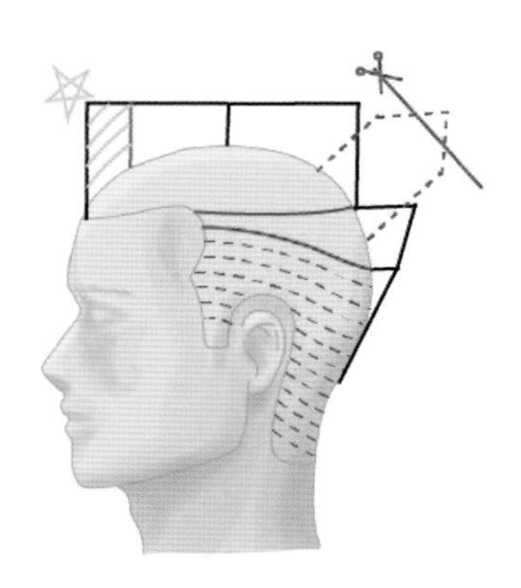

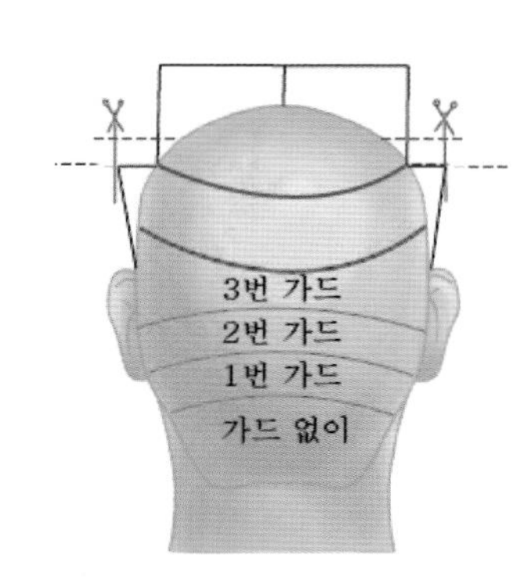

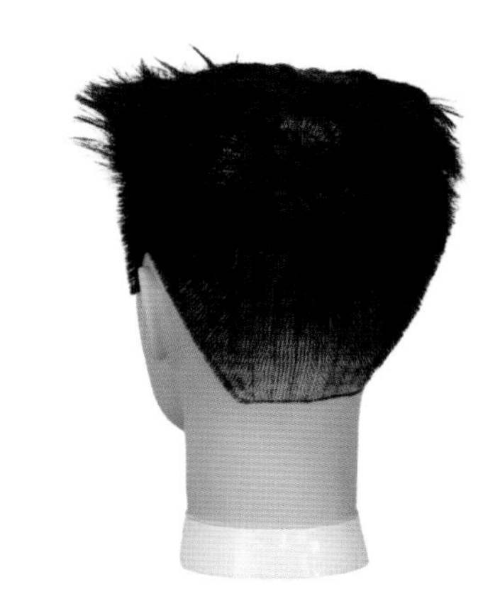

BACK

FRONT

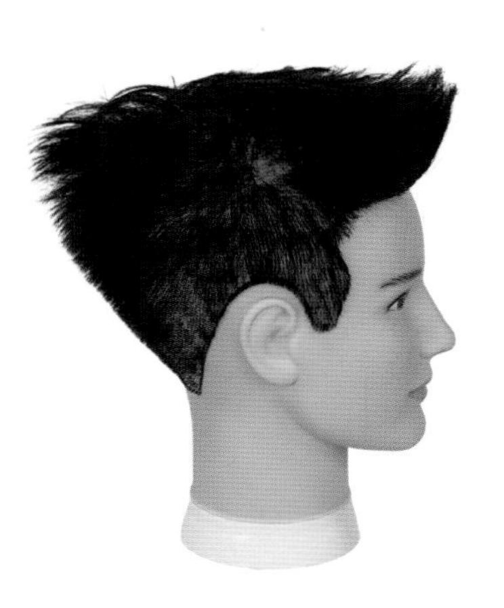

SIDE

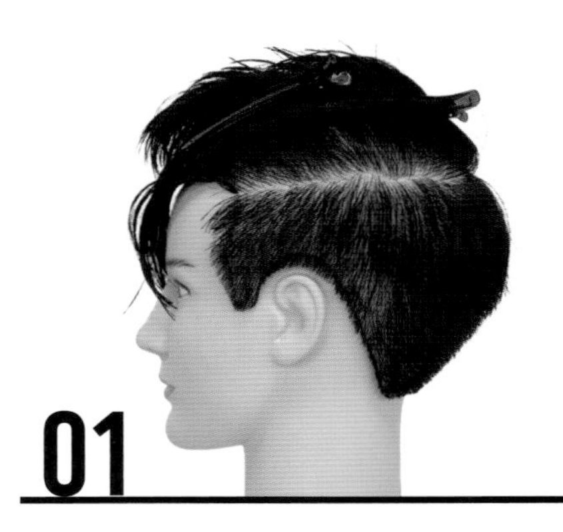

01

F.S.P에서 말발굽 모양으로 파팅하여, 언더 섹션과 오버 섹션으로 블로킹 한다.

02

클리퍼를 'close, 3번 가드'로 준비하고, F.S.P의 1cm 아래까지 후대각 라인으로 그러데이션 커트한다.

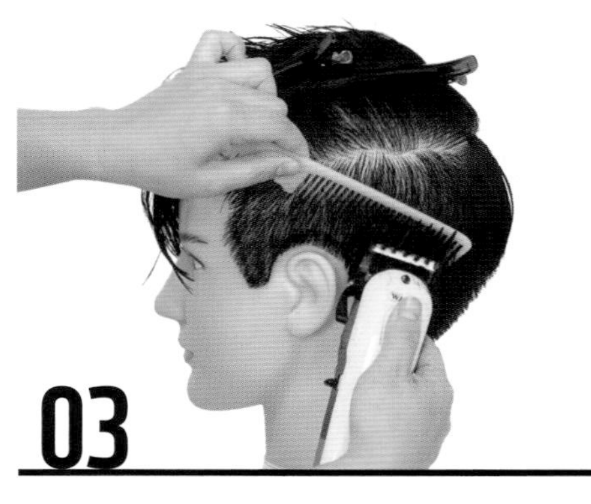

03

모발이 클리퍼에 잘 걸리지 않을 경우는 빗의 도움을 받으며 진행한다(양쪽 옆면 동일하게 진행).

04

뒷면은 B.P까지 그러데이션 커트한다.

05

양쪽 옆면의 후대각 라인과 연결되도록 그러데이션 커트하여 컨백스 라인의 무게선을 형성한다.

06

클리퍼를 'open, 가드 없음'으로 준비하여, 귀 하단 영역까지 그러데이션 커트한다.

중앙의 가이드에 연결하여 컨케이브 라인을 형성한다.

클리퍼를 'open, 1번 가드'로 준비하여 블랜딩(1cm 폭 정도)을 한다. 이때 클리퍼 날을 조절(half open, close)하여 더 섬세하게 블랜딩 해 준다.

클리퍼를 'open, 2번 가드'로 준비하여 블랜딩(1cm 폭 정도)을 한다.

뒷면에서 바라보았을 때 컨케이브 라인의 잘 돋보일 수 있도록, 클리퍼 날을 전대각으로 기울여 블랜딩을 해야 한다.

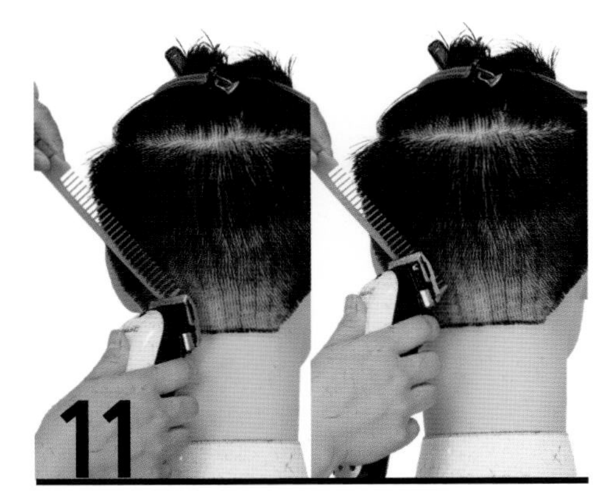

클리퍼 오버 콤 테크닉으로 뒷면의 미흡한 부분을 수정 커트한다.

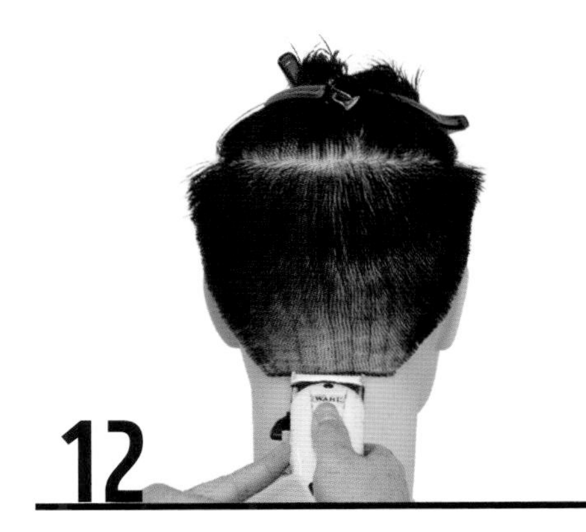

클리퍼를 'open, 가드 없음'으로 하여 아웃라인을 정리한다.

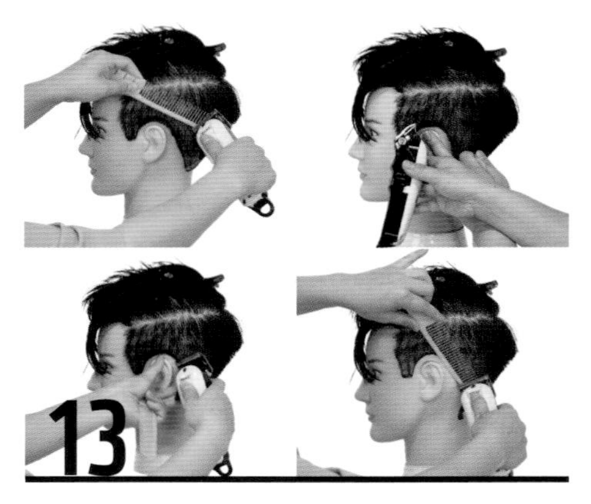

양쪽 옆면도 뒷면과 동일하게 수정 커트를 한다.

오버 섹션은 T.P에서 가이드(약 4~5cm)를 설정한다.

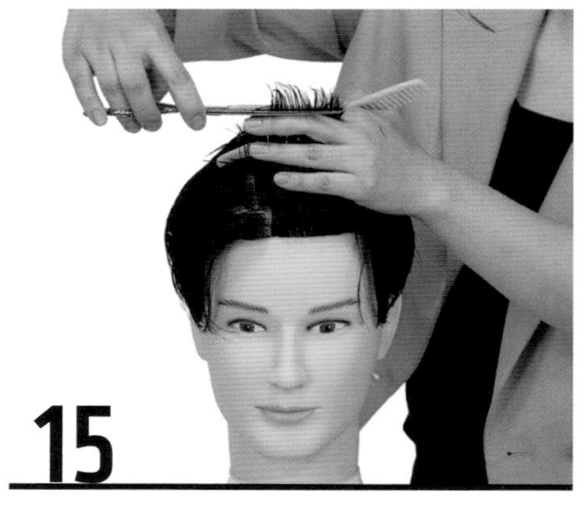

T.P 앞쪽 영역은 위로 똑바로 방향 분배하여 평면 커트를 한다.

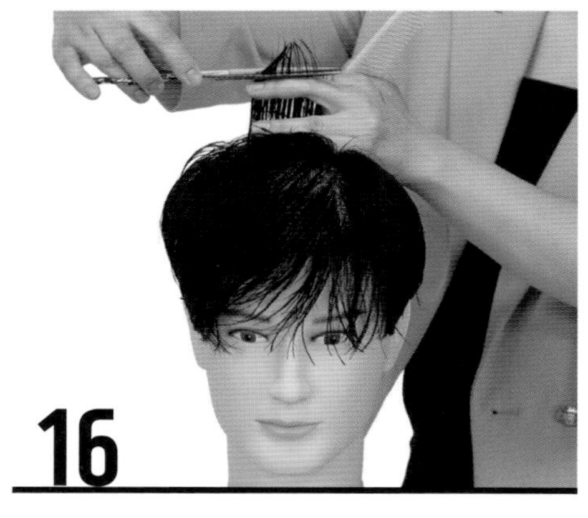

T.P 뒤쪽 영역도 위로 똑바로 방향 분배하여 평면 커트를 한다.

중앙 영역의 가이드에 연결하여, 오른쪽과 왼쪽 영역도 평면 커트를 한다.

프론트 영역의 모발을 스타일링 방향대로 빗질하여, 긴 길이를 수정커트한다.

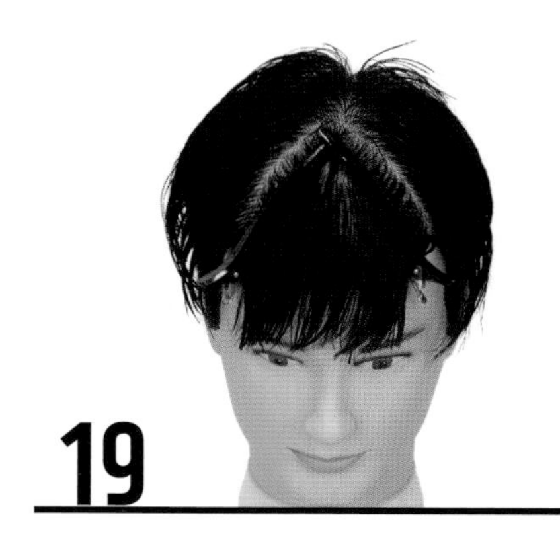

오버 섹션과 언더 섹션을 연결하기 전 프론트의 길이가 잘리지 않도록 프린지 영역을 나눈다.

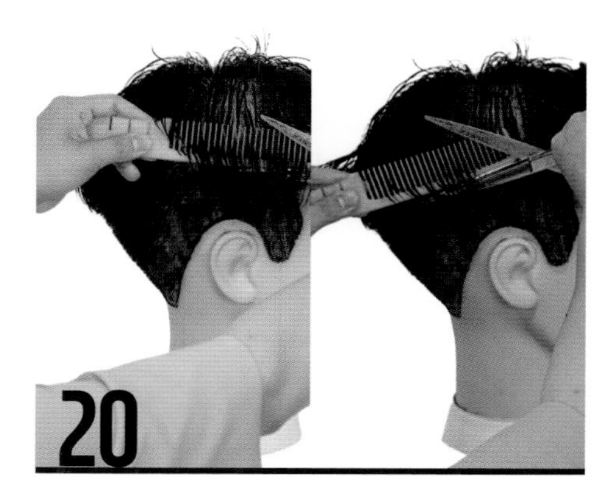

언더 섹션의 무게선을 가이드로 하여 오버 섹션의 긴 길이를 오버 콤 테크닉으로 연결한다.

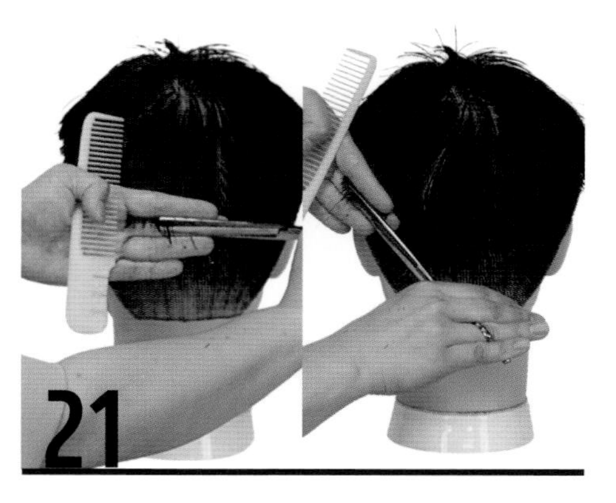

뒷면도 무게선을 가이드로 하여 중간 시술각으로 연결해 준다.

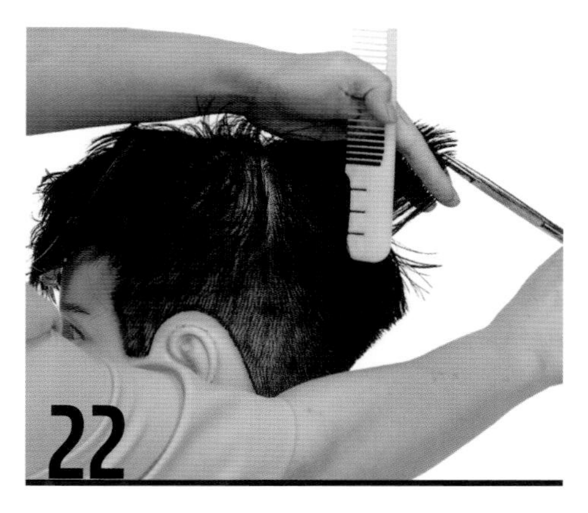

가마 부분을 두상으로부터 90°로 방향으로 빗질하여 코너를 제거한다.

프론트 영역의 모발을 자연 시술각으로 빗어 아웃라인(수평선)을 설정한다.

옆면에서 자연 분배 후, 시술각을 90°로 들어 올려 옆면의 길이와 프론트의 길이를 전대각 라인으로 연결한다.

길이 커트가 끝난 후 질감 처리(딥 테이퍼링)를 한다. 이때에는 모발 길이가 짧기 때문에 빗으로 모발을 컨트롤한다.

오버 섹션의 중앙 영역에서부터 시작하여, 오른쪽과 왼쪽의 순으로 떠내려 깎기 한다.

고객의 뒤쪽 방향으로 작업자가 이동하면서 오버 섹션의 전체 영역을 질감 처리 후, 모발 끝은 떠올려깎기 기법으로 엔드 테이퍼링을 한다.

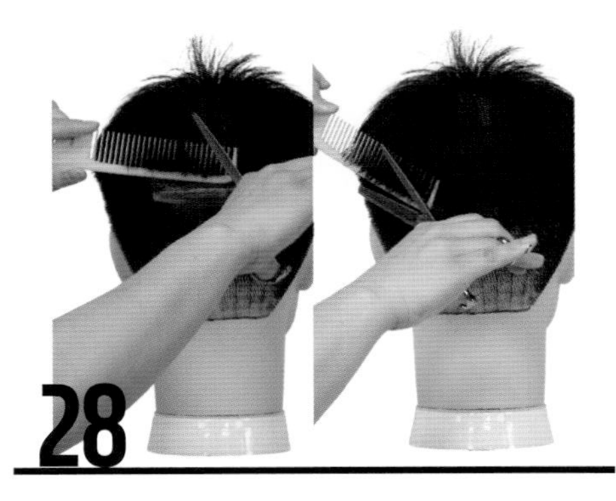

뒷면의 무게선 부분에는 모량이 많이 뭉쳐 있기 때문에 엔드 테이퍼링 시 더 섬세하게 체크한다.

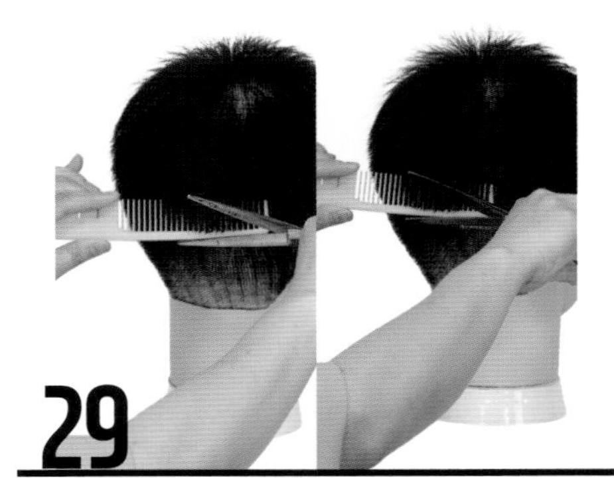

질감 처리 후, 블런트 가위를 사용하여 리파인 작업을 한다.

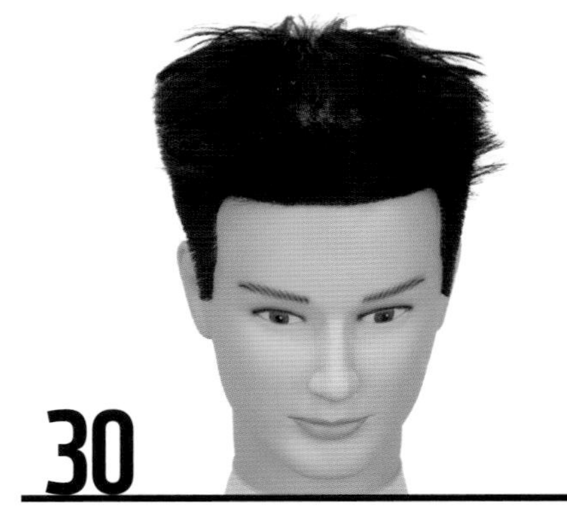

완성된 모습

Ivy-league Style

Ivy League Style

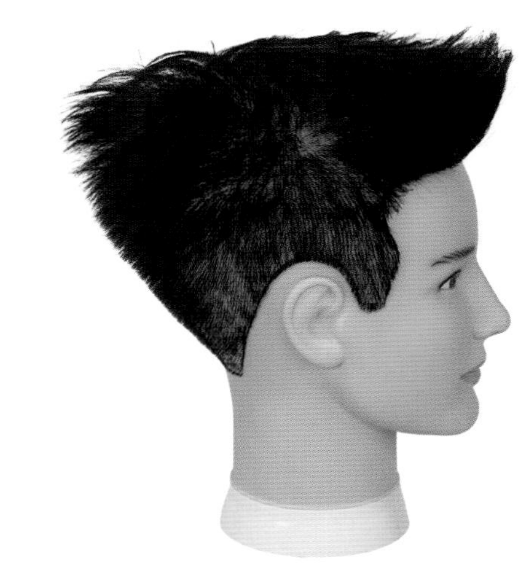

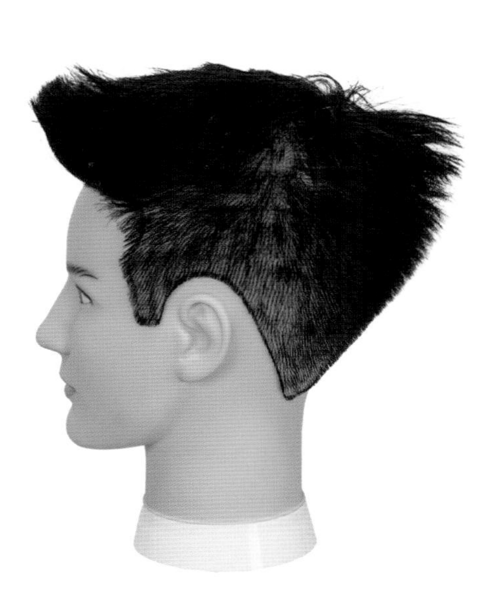

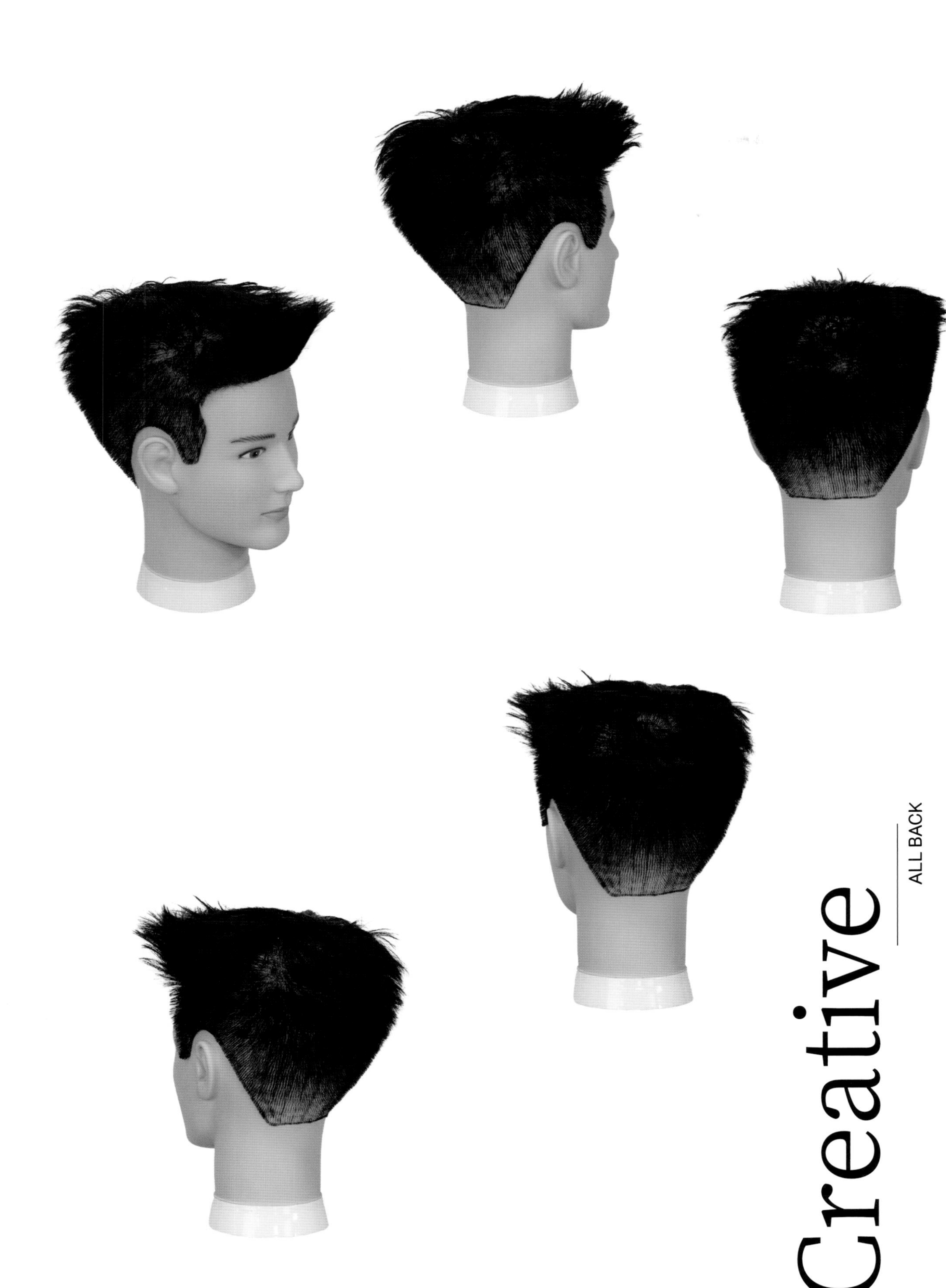

Creative

ALL BACK

Classic

CHOPPY TEXTURE

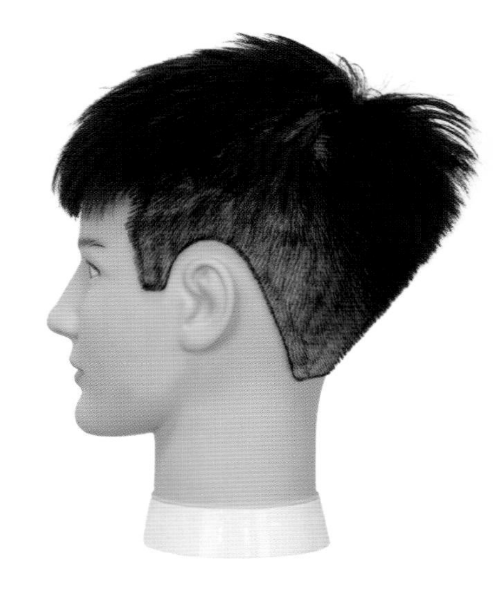

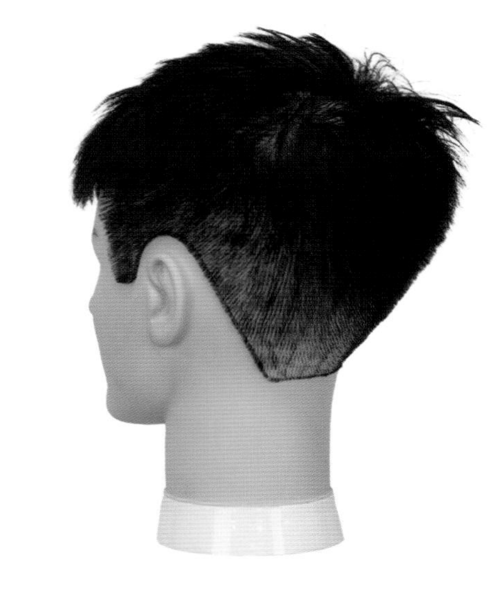

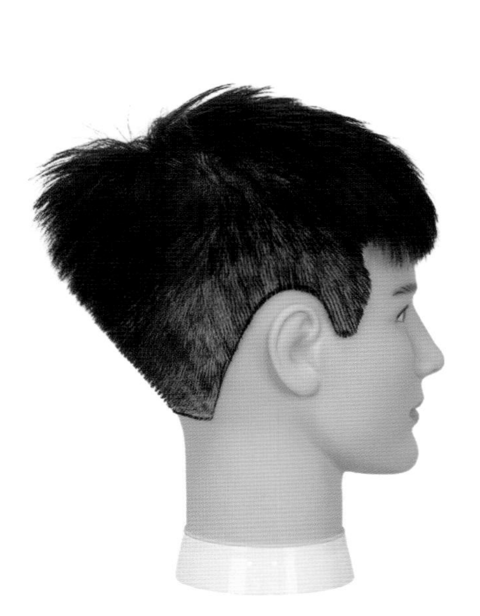

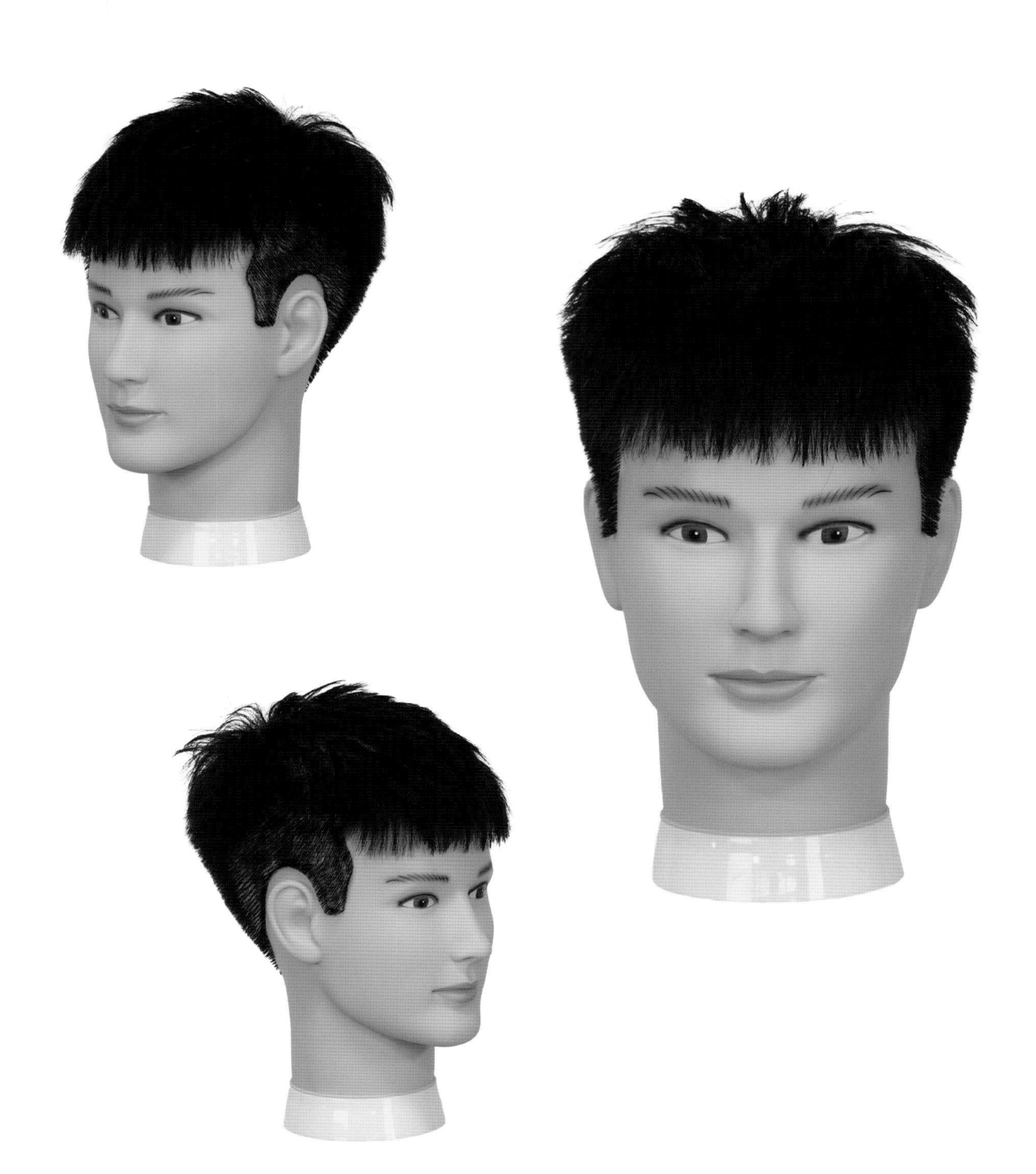

Ivy League Style

SLEEK BACK

Sleek means "smooth, glossy," and Sleek back style refers to a style that combs or styles smoothly with the direction of the hair behind it.

Style
SLEEK BACK

'슬릭백 스타일'이란?

슬릭(sleek)은 '매끄러운, 윤이 나는' 뜻으로써, 슬릭백 스타일은 모발의 방향을 뒤로 하여 매끄럽게 빗질 또는 스타일링하는 스타일을 말한다.

ABOUT HAIR CUT & STYLING

shape	round
section	수평(horiaontal), 수직(vertical), 사선(diagonal)
technique	지간깎기, 클리퍼 오버 콤 테크닉
finish work	벤트 브러시를 이용한 블로드라이
products	유광 타입의 포마드, 하드 스프레이

PROCEDURE

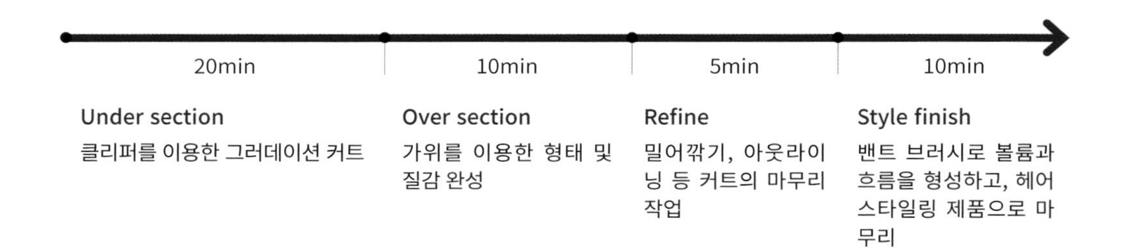

KEY POINT

- ▸ 인테리어 영역의 모발이 뒤로 매끄럽게 넘어가야 하기 때문에 G.P에서 C.P로 갈수록 모발 길이가 점점 길어져야 한다.
- ▸ 대부분 슬릭백 스타일은 언더 섹션을 짧게 그러데이션 하여 오버 섹션과 비연결을 많이 한다.
- ▸ 표면에 매끄러운 질감이 연출될 수 있도록 엔드 테이퍼링을 하며, 스타일링 시에는 유성 포마드 제품을 추천한다.

Sleek back style

Head Sheet & Finished Look

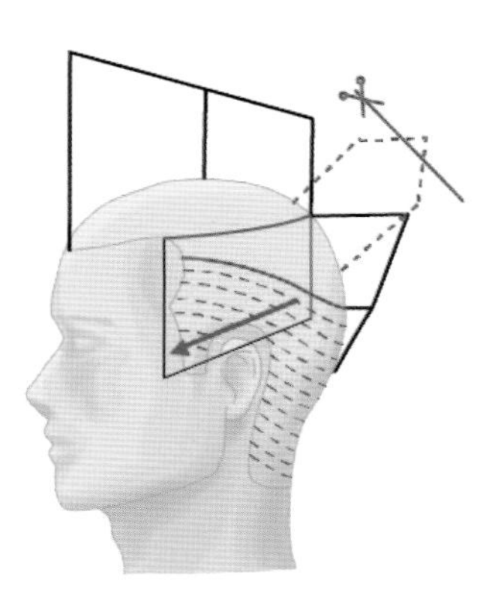

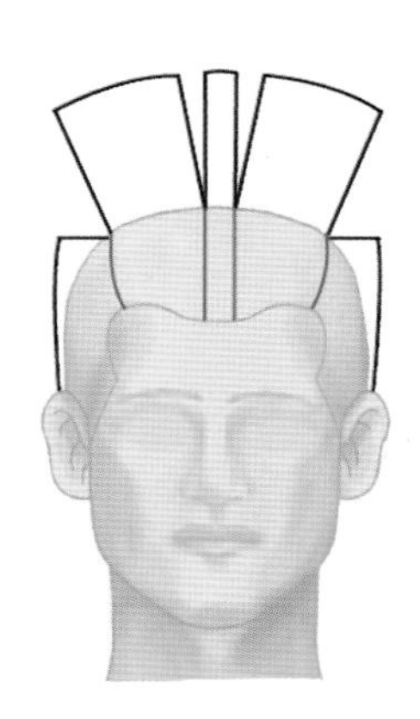

BACK

FRONT

SIDE

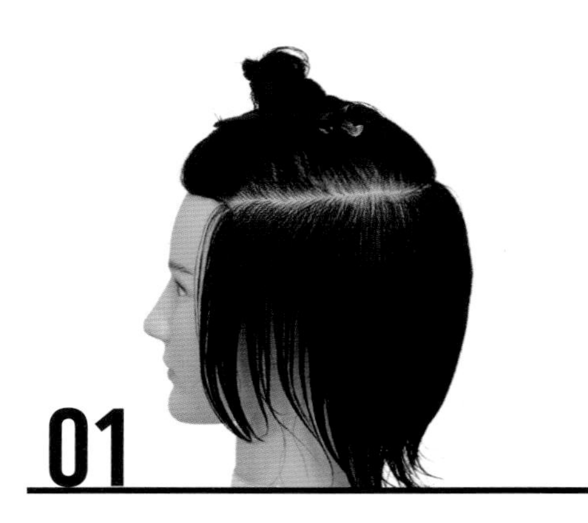

F.S.P에서 말발굽 모양으로 파팅하여, 언더 섹션과 오버 섹션으로 블로킹한다.

언더 섹션의 E.P 앞쪽 영역에 수평 라인으로 무게선을 설정한다. 바디 포지션은 '스퀘어'를 유지한다.

E.P 뒤쪽 영역은 후대각 라인(30~40° 기울기)으로 무게선을 설정한다.

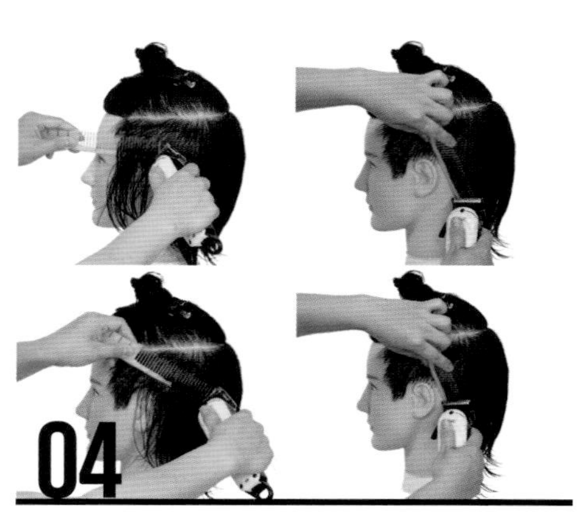

무게선 아래 영역을 클리퍼 오버 콤 테크닉으로 그러데이션 커트한다.

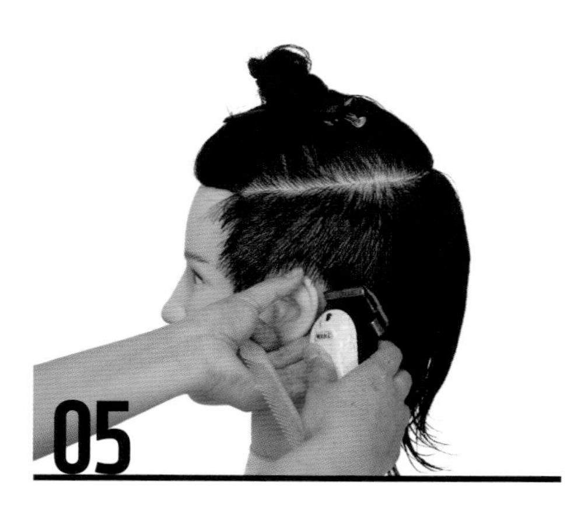

아웃라인(이어라인, 구레나룻)을 정리한다.

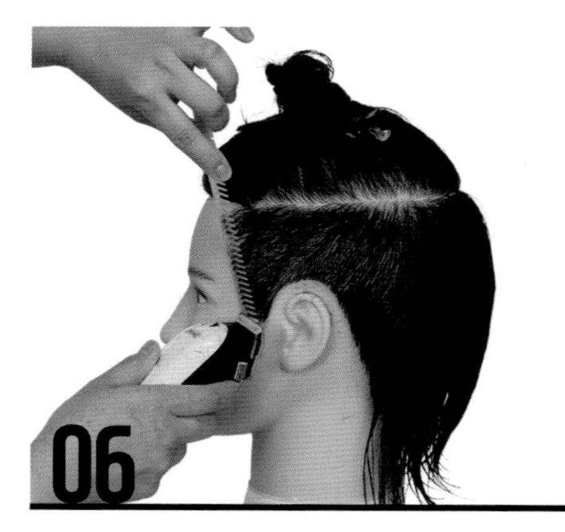

구레나룻 부분을 얼굴 쪽으로 당겨 빗어 후대각 라인으로 체크 커트한다.

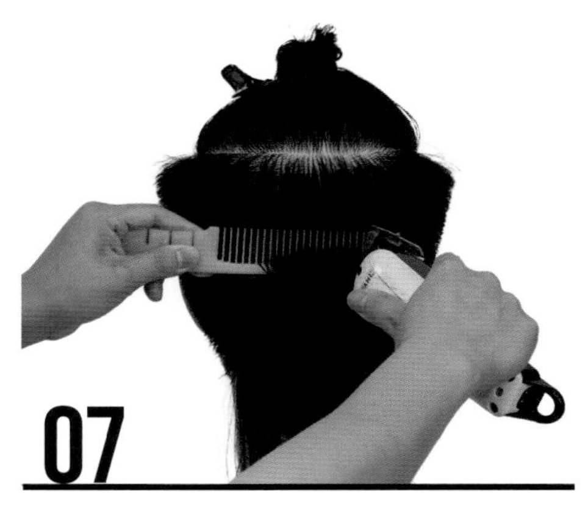

뒷면의 B.P에 무게선(수평선)을 설정한다.

B.P의 가이드와 연결하여 컨벡스 라인으로 무게선을 형성한다.

무게선 아래 영역은 클리퍼 오버 콤 테크닉을 활용하여 그러데이션 커트한다.

아웃라인 주변을 깔끔하게 다듬어 준다.

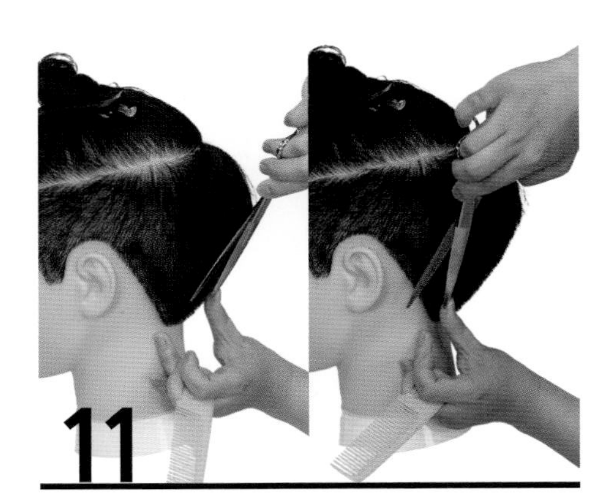

클리퍼로 커트 후 밀어깎기 기법으로 겉표면의 잔 머리카락을 다듬어 준다.

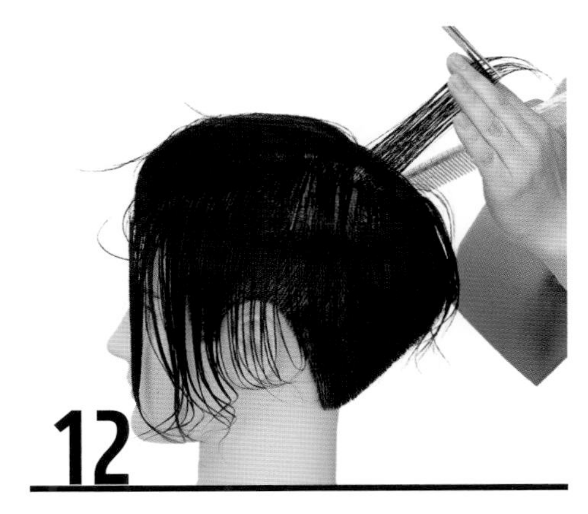

오버 섹션은 G.P에서 가이드(약 10cm)를 설정한다.

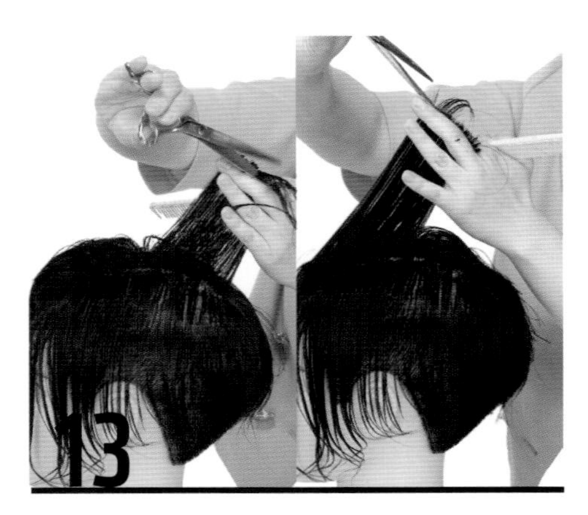

G.P의 가이드에 연결해서 135° 방향으로 빗질하여 C.P까지 커트한다.

가이드라인을 중심으로 오른쪽과 왼쪽 영역은 직각 분배하여 커트한다.

이때 앞으로 갈수록 모발이 길어지기 때문에 뒤쪽으로 오버 디렉션을 하여 커트해야 한다.

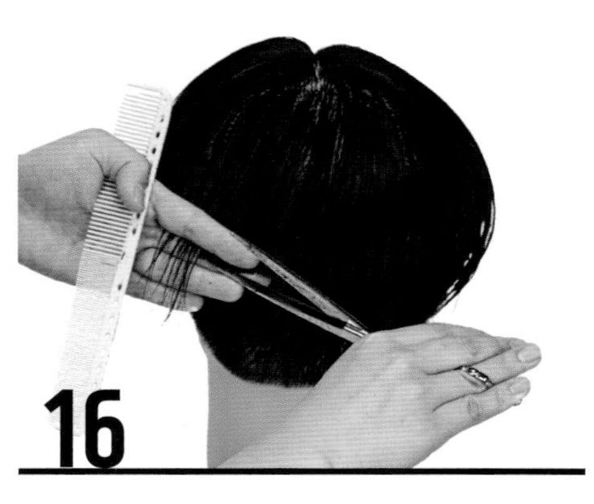

자연 시술각으로 빗질한 후 무게선보다 긴 길이를 중간 시술각으로 체크 커트한다.

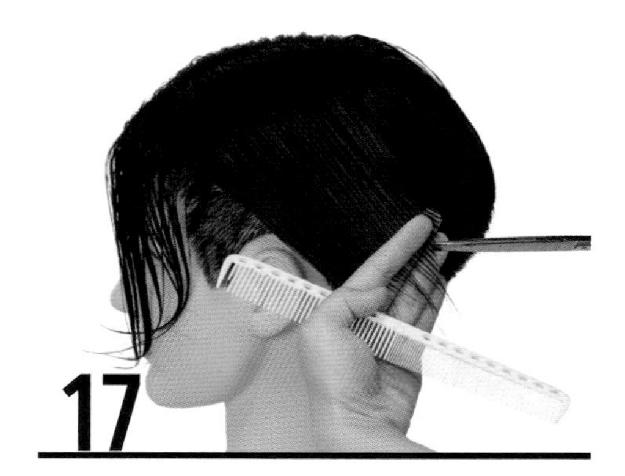

옆면은 가이드에 연결하여 전대각 라인(프론트의 길이에 따라 기울기를 설정)으로 커트한다.

프론트 영역의 모발을 자연 시술각으로 빗어 아웃라인(수평선)을 설정한다.

길이 커트(형태)가 끝난 후, 틴닝 가위를 이용하여 오버 섹션부터 질감 처리(엔드 테이퍼링)를 한다.

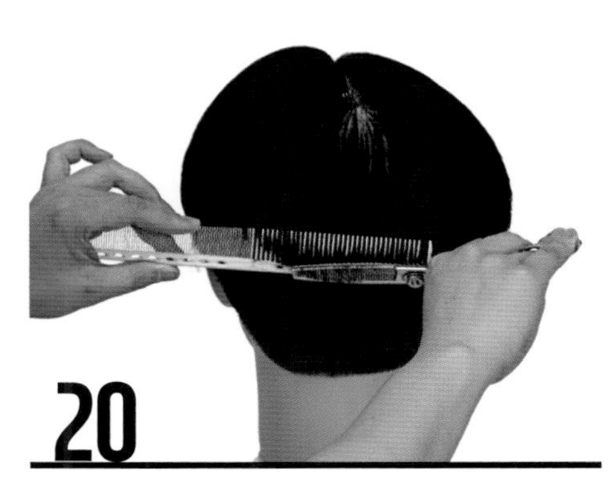

언더 섹션의 뒷부분은 오버 콤 테크닉을 활용하여 엔드 테이퍼링을 한다.

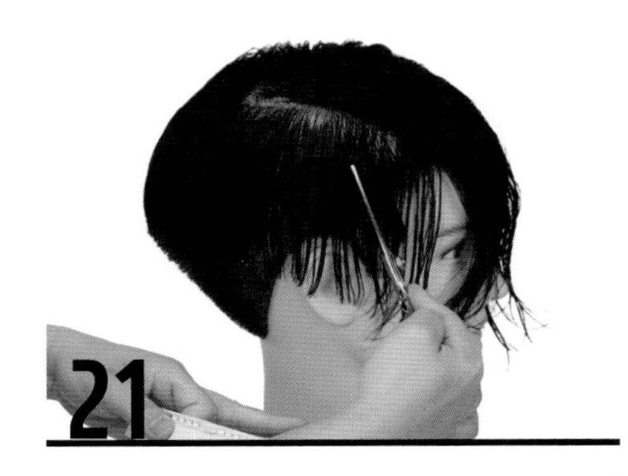

자연 시술각으로 빗은 후 모발이 뭉쳐 있는 부분은 가위 끝을 이용하여 딥 테이퍼링 해 준다.

질감 처리가 끝난 후 블런트 가위를 사용하여 리파인 작업을 한다.

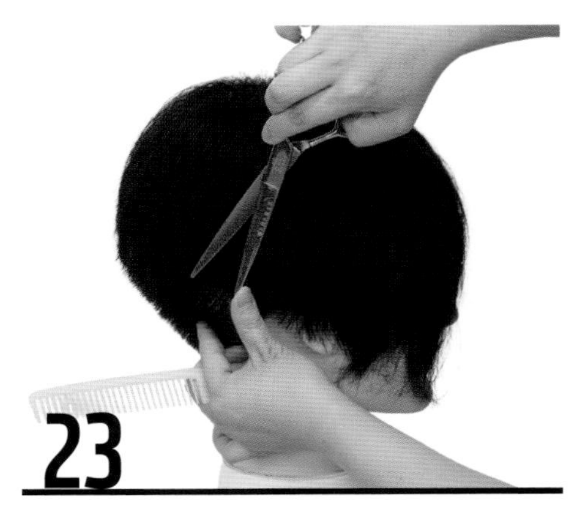

자연 분배 후 형태선과 겉표면의 잔 머리카락을 다시 정돈해 준다.

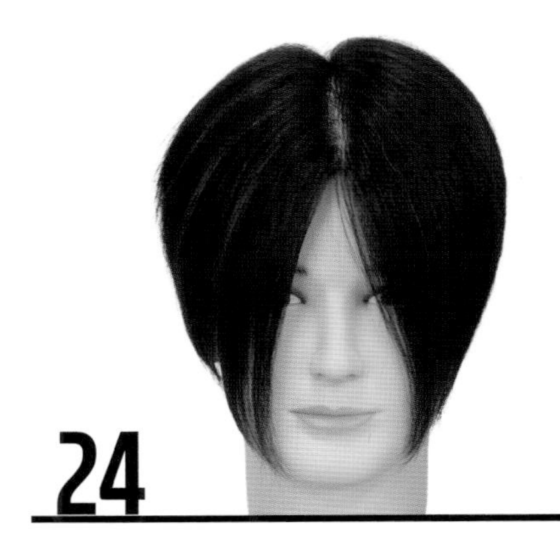

완성된 모습

Sleek back Style

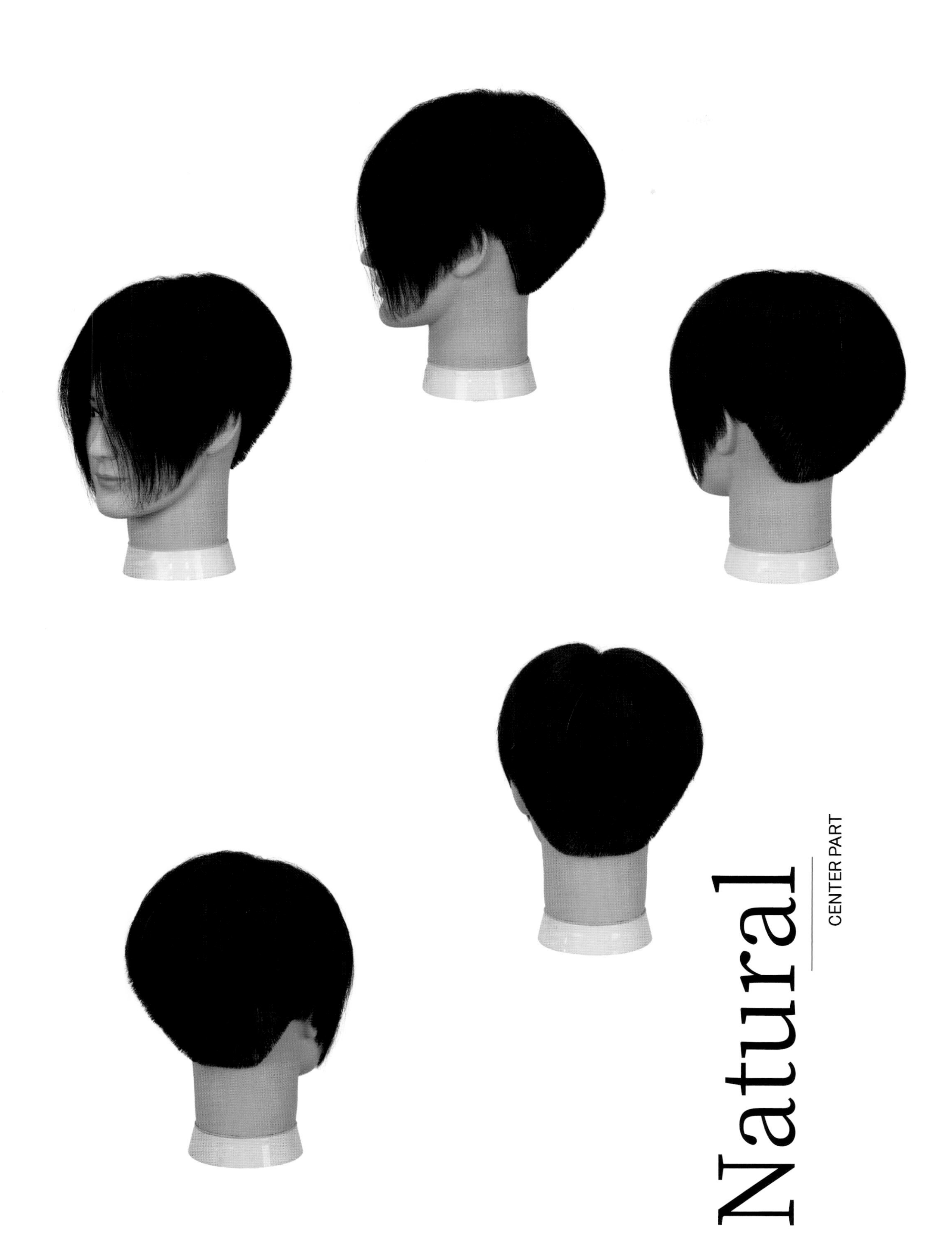
Natural
CENTER PART

Classic

ALL PART

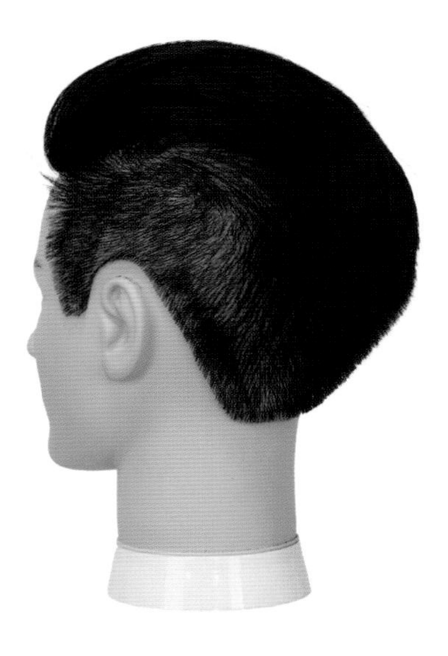

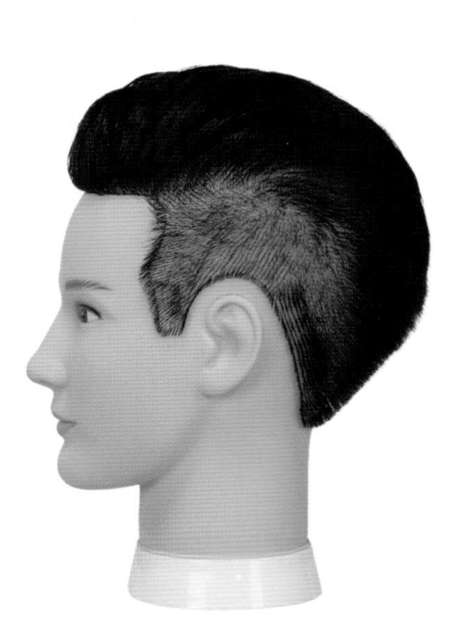

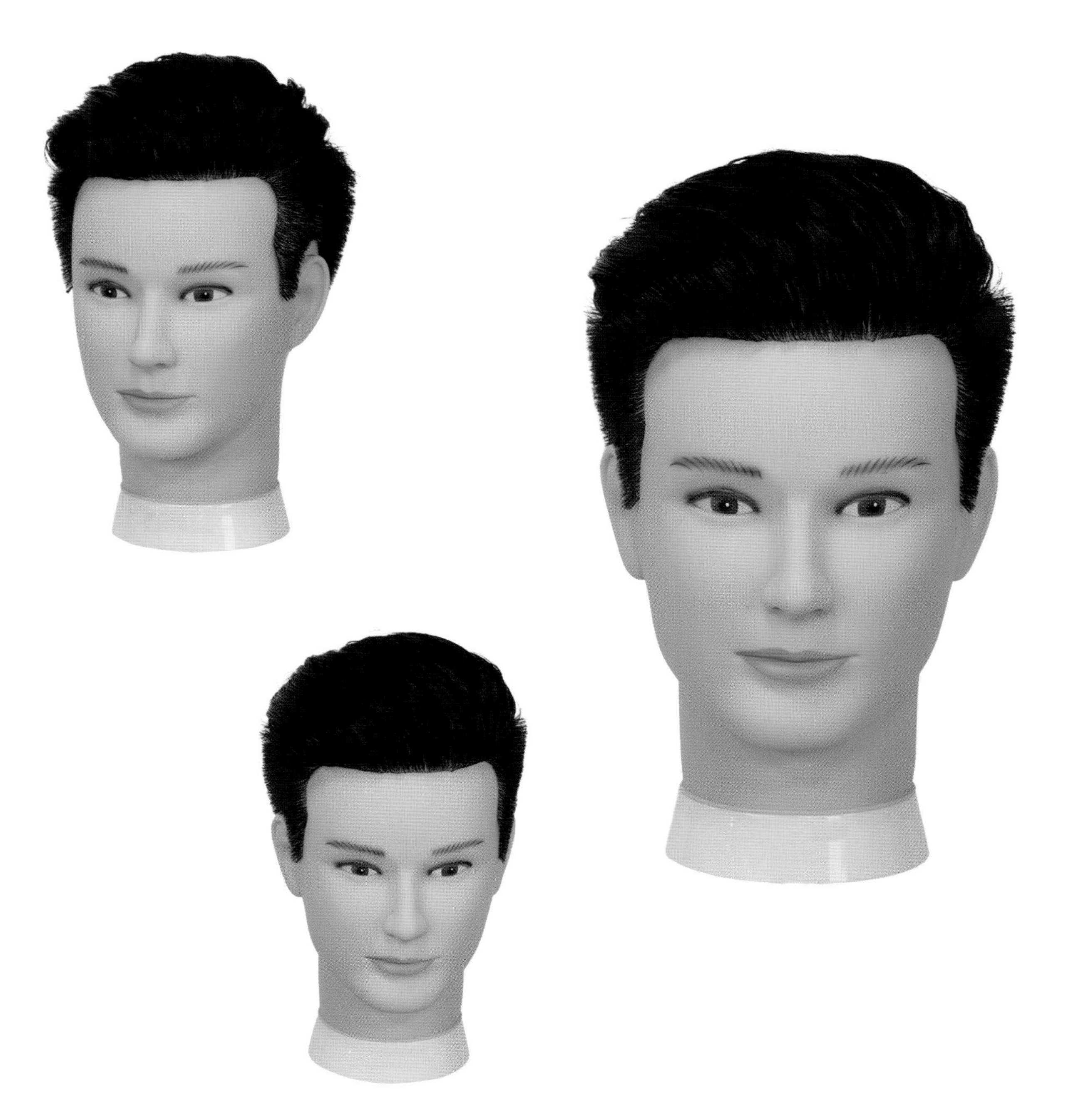

Sleek back Style

FADE

It refers to a style in which parts are divided into 6:4, 7:3, 8:2, and 9:1. There are many short styles in which the ears are heard rather than the long length that covers the ears, and in particular, there are many fade-cut styles that represent transparency.

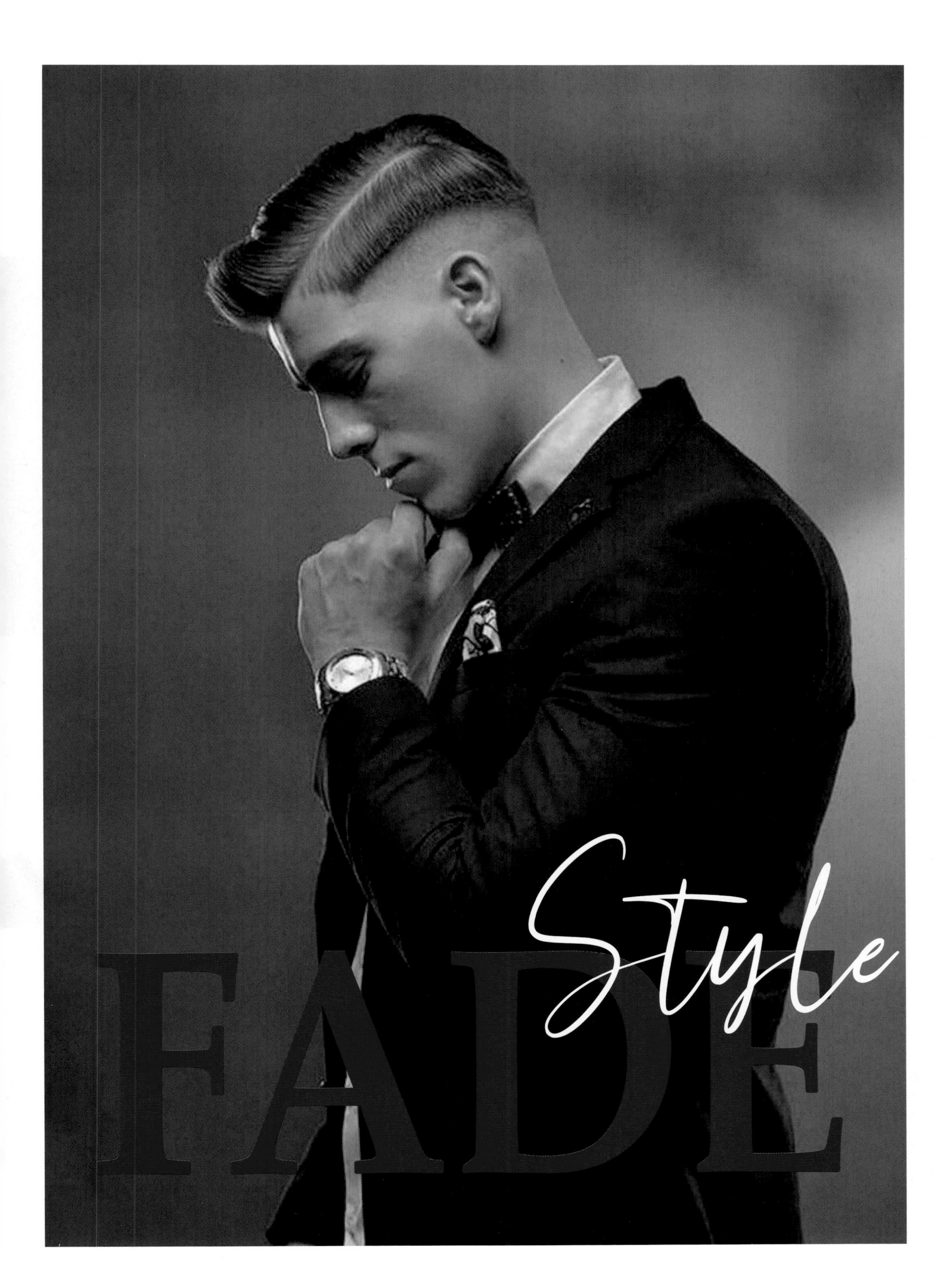
Style
FADE

'페이드 스타일'이란?

사이드 파트(side part)는 '옆 가르마'라는 뜻으로써 6:4, 7:3, 8:2, 9:1의 가르마가 나누어져 있는 스타일을 말한다. 주로 귀를 덮는 긴 길이보다는 귀가 드러나는 짧은 스타일이 많으며, 특히 투명도를 나타내는 페이드 커트 스타일이 많다.

ABOUT HAIR CUT & STYLING

shape	square
section	수평(horiaontal), 사선(diagonal)
technique	지간깎기, 떠올려깎기, 하드 파트
finish work	벤트 브러시와 라운드 브러시를 이용한 블로드라이
products	유광 타입의 포마드, 하드 스프레이

PROCEDURE

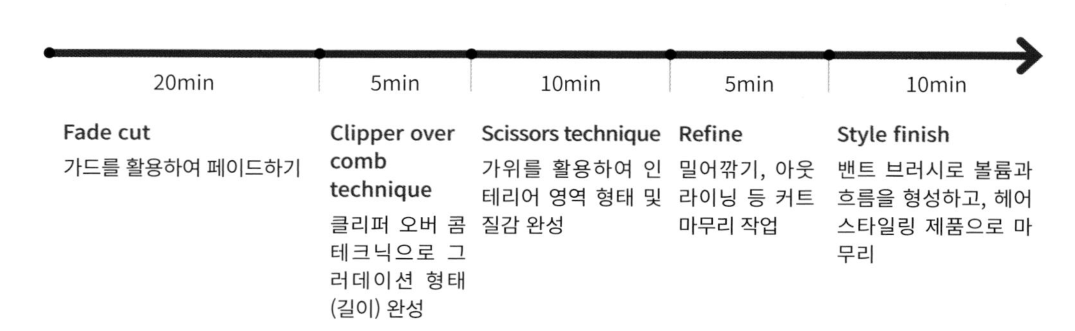

KEY POINT

▸ 언더 섹션의 길이는 고객의 요구에 따라 다양하게 연출될 수 있으며, fade cut을 할 때는 그러데이션의 투명도와 라인이 잘 표현될 수 있어야 한다.

→ 이 책에 제시된 스타일은 low fade cut로써, bald 영역이 가장 낮은 fade cut이다.

▸ 언더 섹션과 오버 섹션이 모발은 서로 연결되어 있으며, 가르마를 기준으로 양쪽의 모발이 비연결되어 있다.

▸ 단정하고 클래식한 이미지를 연출하기 위해 모발의 양을 많이 제거하지 않고, 엔드 테이퍼링을 해야 한다. 그리고 볼륨이 필요한 부분과 프론트 부분은 노멀 테이퍼링 하는 것이 좋다.

Fade style

Head Sheet & Finished Look

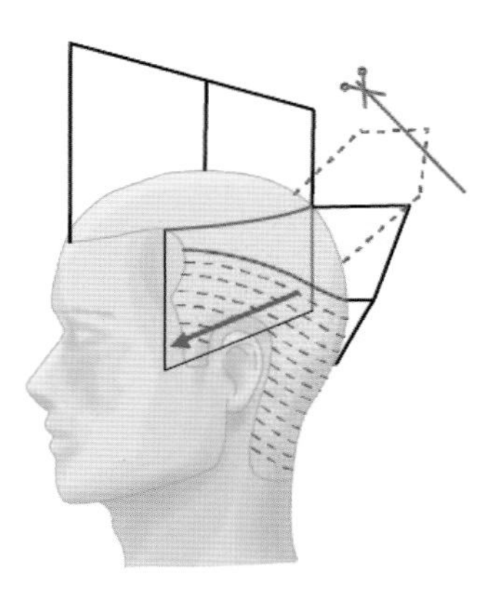

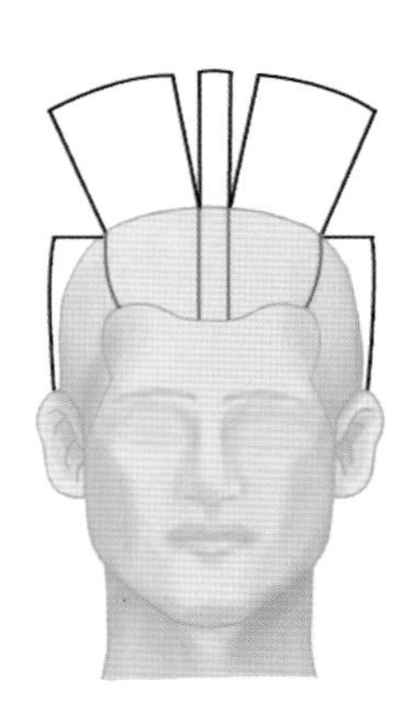

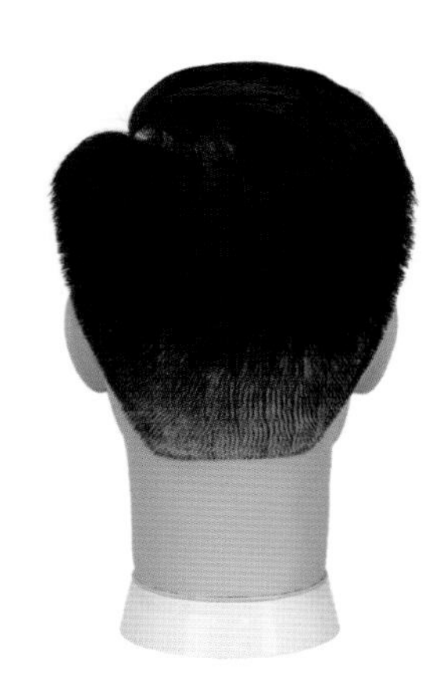

BACK

FRONT

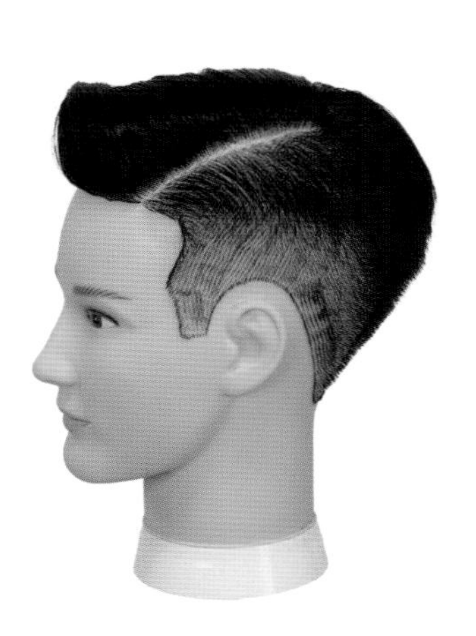

SIDE

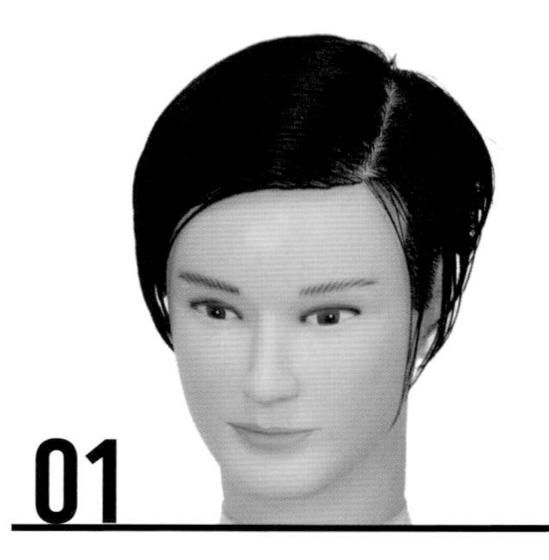

언더 섹션과 오버 섹션을 구분하지 않고 커트가 가능하다면, side part를 나누어 언더 섹션을 커트한다. 그렇지 않을 때에는 'U'라인으로 파팅한다.

클리퍼를 'close, 3번 가드'로 준비하고, B.P까지 컨벡스 라인으로 그러데이션 커트한다.

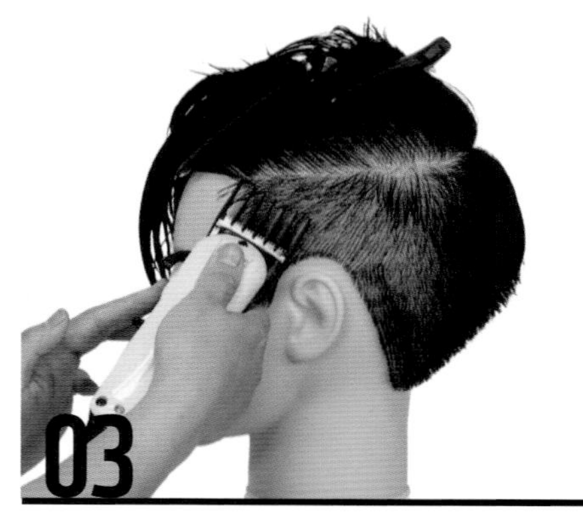

옆면은 F.S.P의 1cm 아래까지 후대각 라인으로 그러데이션 커트하여, 뒷면의 컨백스 라인과 연결한다.

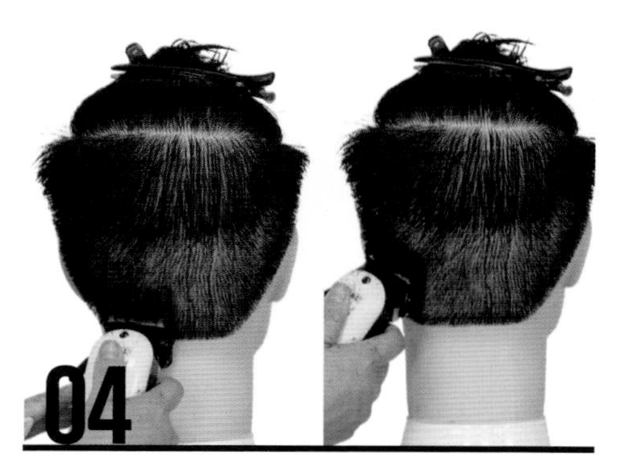

클리퍼를 'close, 2번 가드'로 준비하고, B.N.M.P까지(귀 중간 부분) 컨벡스 라인으로 그러데이션 커트한다.

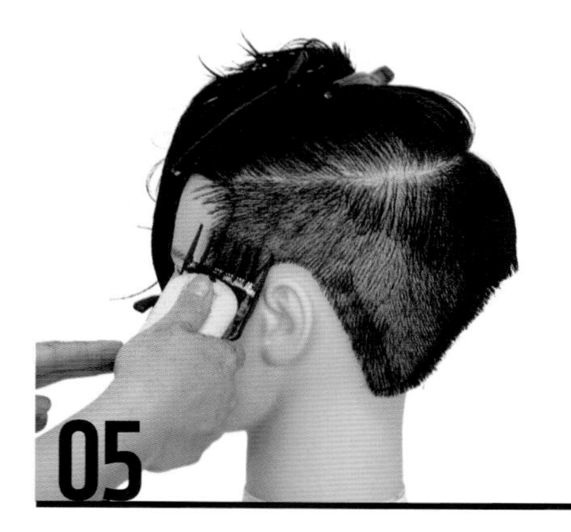

옆면은 S.P까지 후대각 라인으로 그러데이션 커트하여, 뒷면의 컨벡스 라인과 연결한다.

클리퍼를 'open, 1번 가드'로 준비하고, 귀 하단 부분까지 컨벡스 라인으로 그러데이션 커트한다.

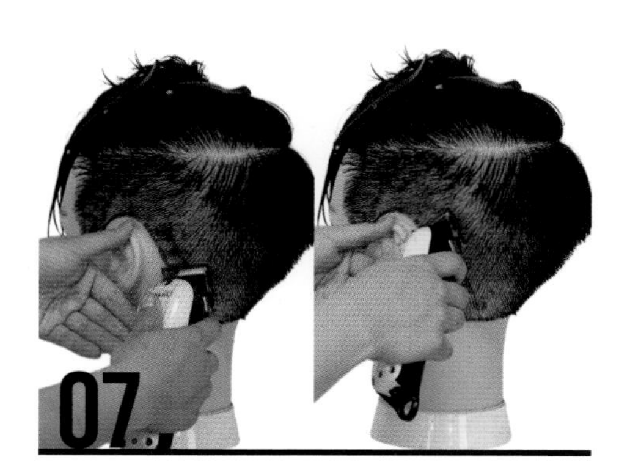

클리퍼를 'open, 가드 없음'으로 준비하여, 아웃라인에 bald zone(1번 가드 영역의 ½)을 형성한다.

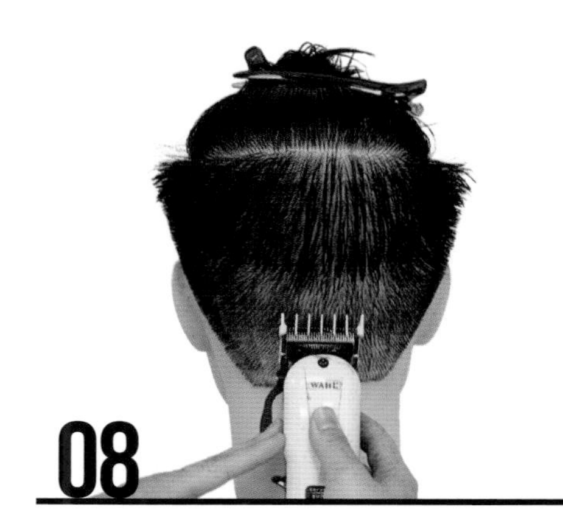

클리퍼를 'opne, 1½번 가드'로 준비하여, 1번과 2번 가드 영역 사이에 부족한 명암을 조절한다.

클리퍼를 'opne, ½번 가드'로 준비하여, 1번과 가드 없이 커트한 영역 사이에 부족한 명암을 조절한다.

클리퍼 오버 콤 테크닉으로 뒷면과 옆면의 미흡한 부분을 수정 커트한다.

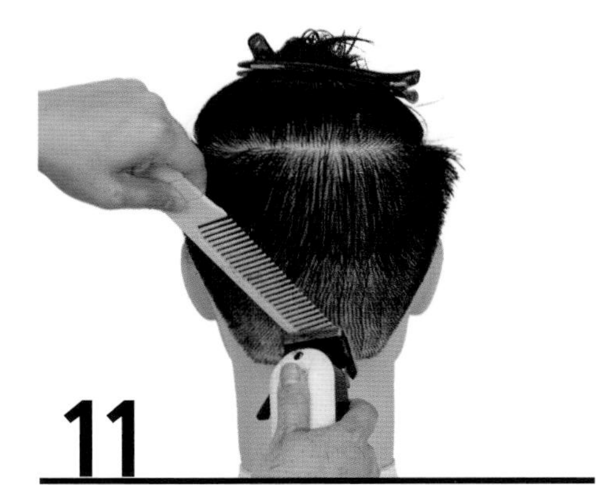

빗을 세로 방향으로 하여, 크로스 체크 커트를 한다.

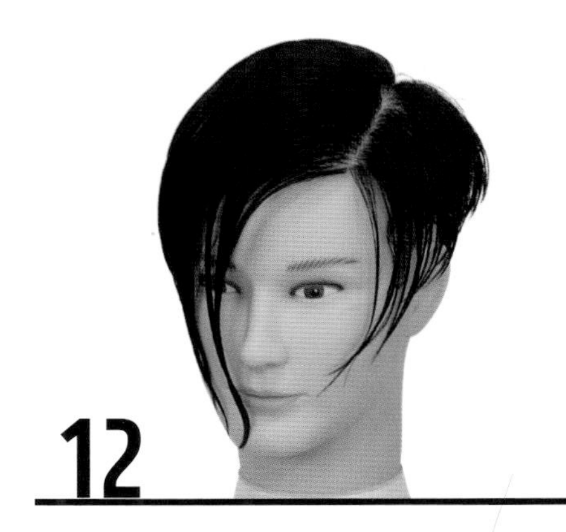

오버 섹션에 가르마를 파팅한다. 이때에는 고객의 자연 가르마를 찾아 나누어 주는 것이 좋다.

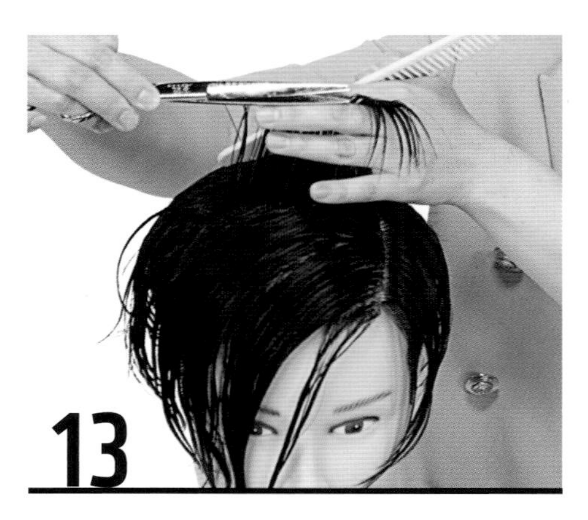

T.P에서 가이드(약 7~8cm)를 설정한다.

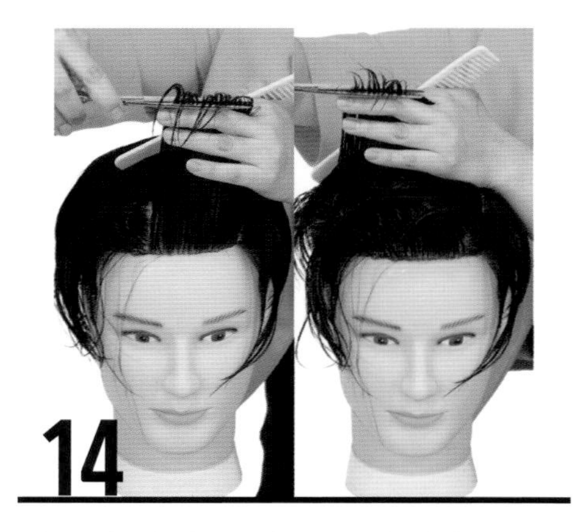

가르마 바깥쪽 부분은 제외하고, T.P 가이드에 맞추어 평면 커트를 한다.

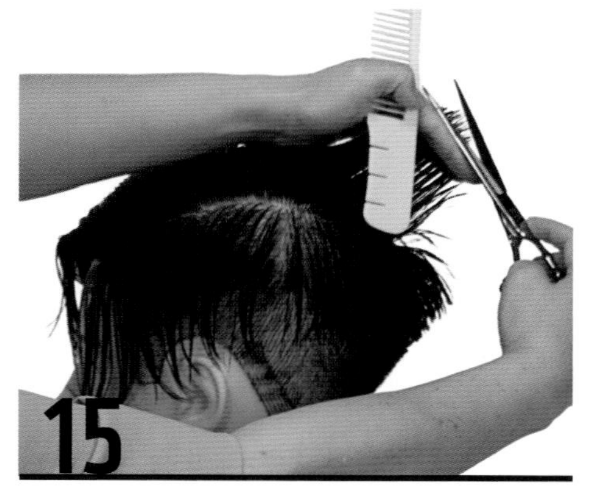

가마 부분을 두상으로부터 90° 방향으로 빗질하여 코너를 제거한다.

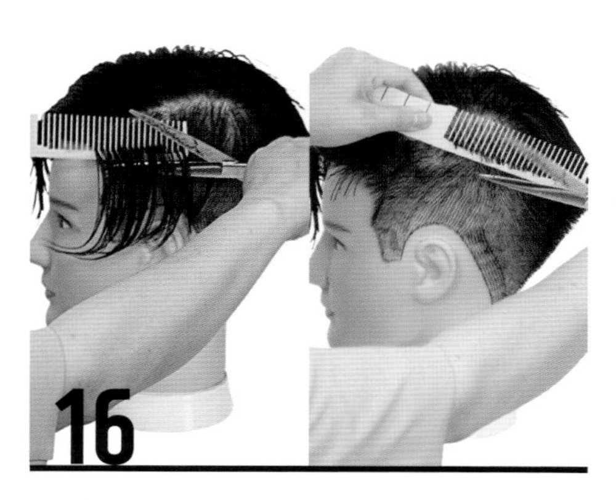

언더 섹션의 무게선을 가이드로 하여 오버 섹션의 긴 길이를 오버 콤 테크닉으로 연결한다.

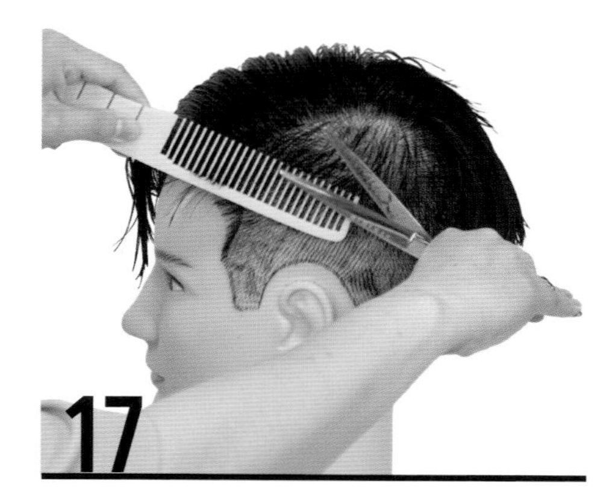

연결이 미흡한 부분은 빗살 끝에 가위를 위치하여 섬세하게 그러데이션 커트한다.

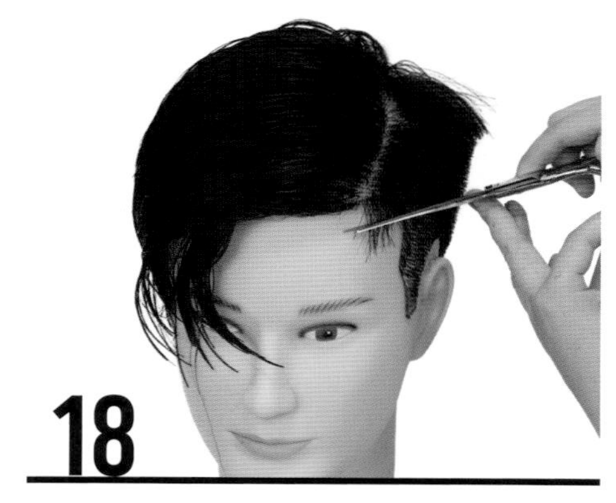

가르마 부분의 페이스라인을 정리해 준다.

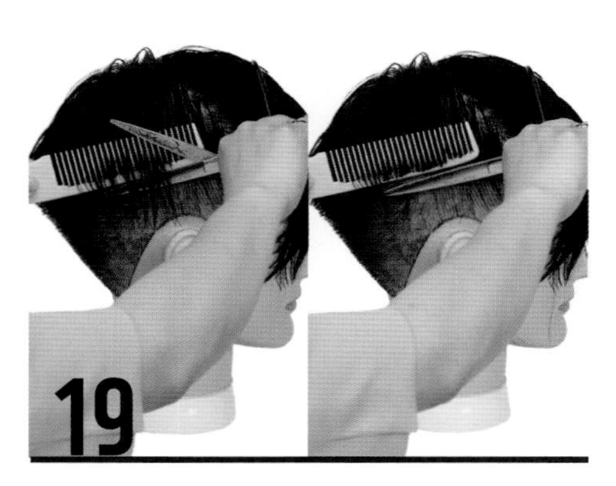

반대쪽 옆면도 동일하게 커트한다. 이때 프론트의 길이가 잘리지 않도록 주의한다.

무게선 라인 부분을 체크 커트한다.

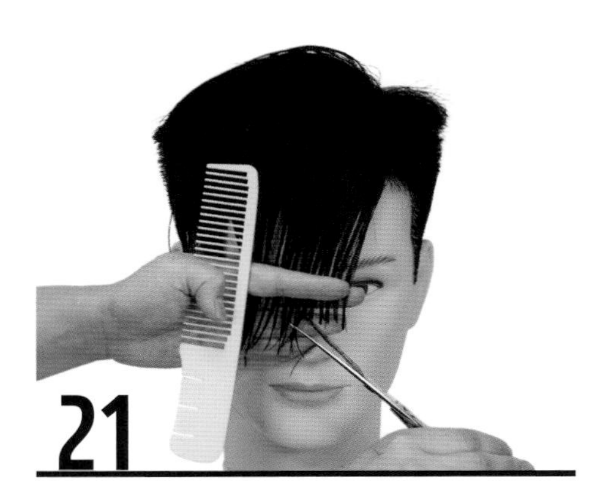

프론트 영역의 모발을 자연 시술각으로 빗어 아웃라인(수평선)을 설정한다.

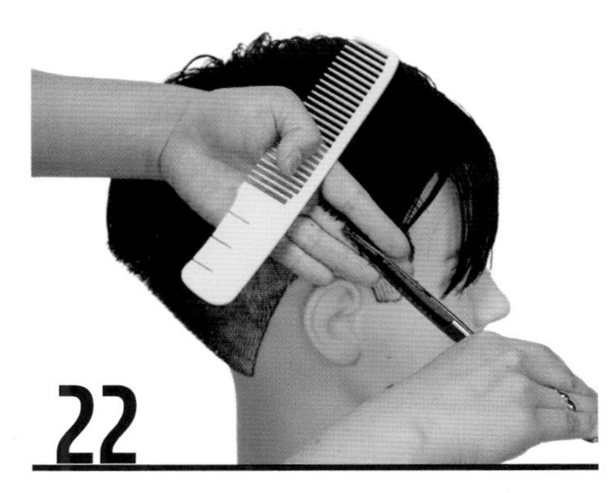

옆면에서 자연 분배 후, 옆면과 프론트의 길이를 높은 시술각, 전대각 라인으로 연결한다.

길이 커트(형태)가 끝난 후, 틴닝 가위를 이용하여 오버 섹션부터 질감 처리(노멀 테이퍼링)를 한다.

언더 섹션은 오버 콤 테크닉을 활용하여 엔드 테이퍼링을 한다.

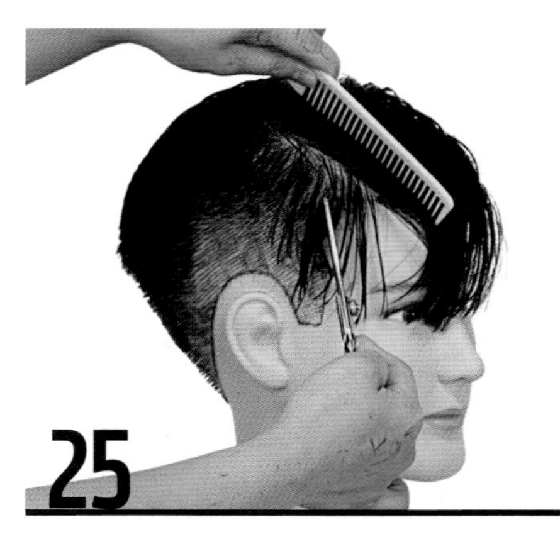

자연 시술각으로 빗은 후 모발이 뭉쳐 있는 부분은 가위 끝을 이용하여 딥 테이퍼링 해 준다.

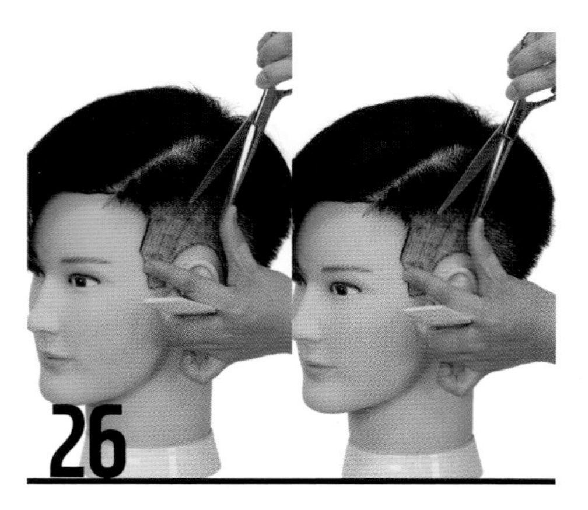

질감 처리가 끝난 후 블런트 가위를 사용하여 리파인 작업을 한다.

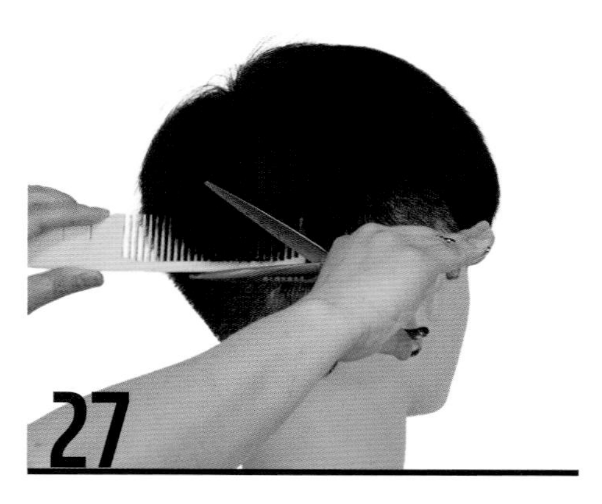

후두부의 잔 머리카락은 오버 콤 테크닉으로 정리한다.

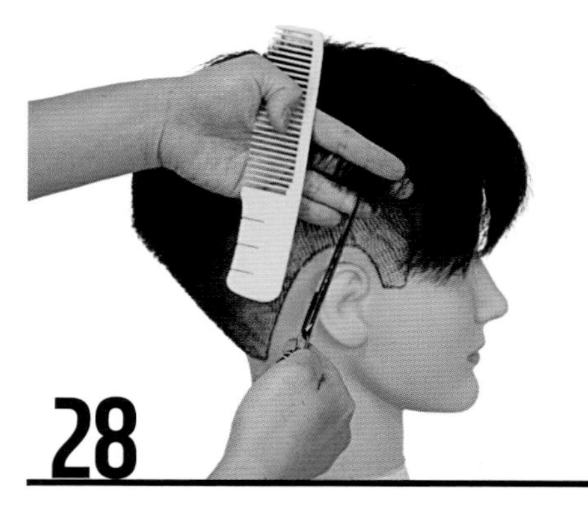

자연 분배 후 형태선의 잔 머리카락을 다시 정돈해 준다.

트리머를 이용하여 'hard part'를 한다.

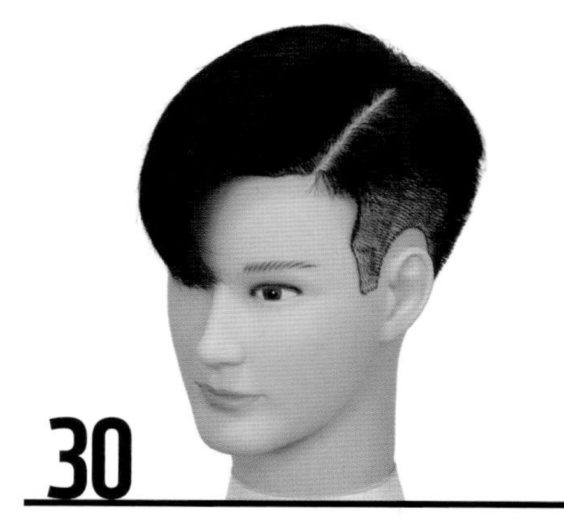

완성된 모습

Fade Style

Fade Style

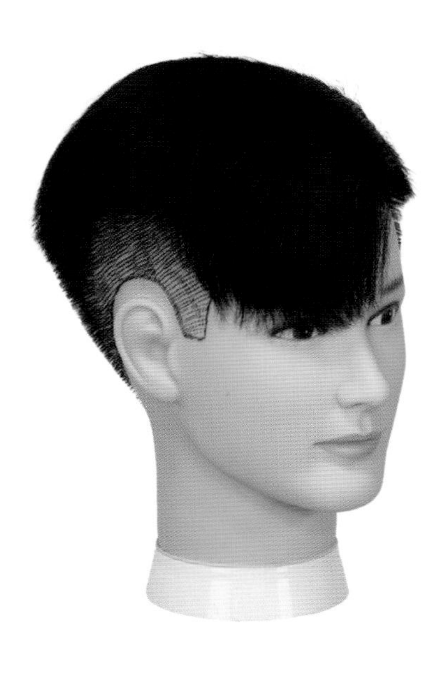

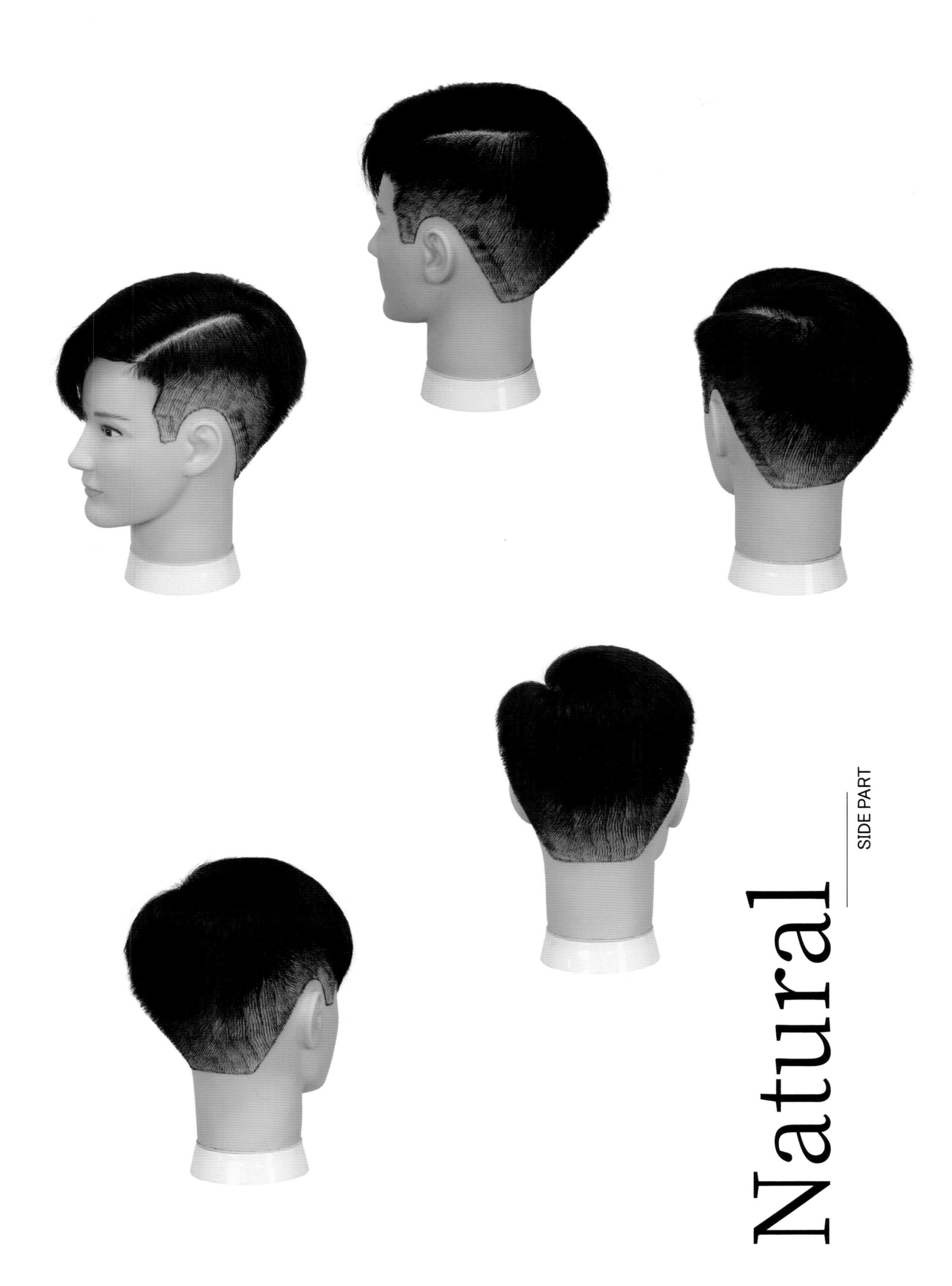
Natural
SIDE PART

Classic

SIDE PART

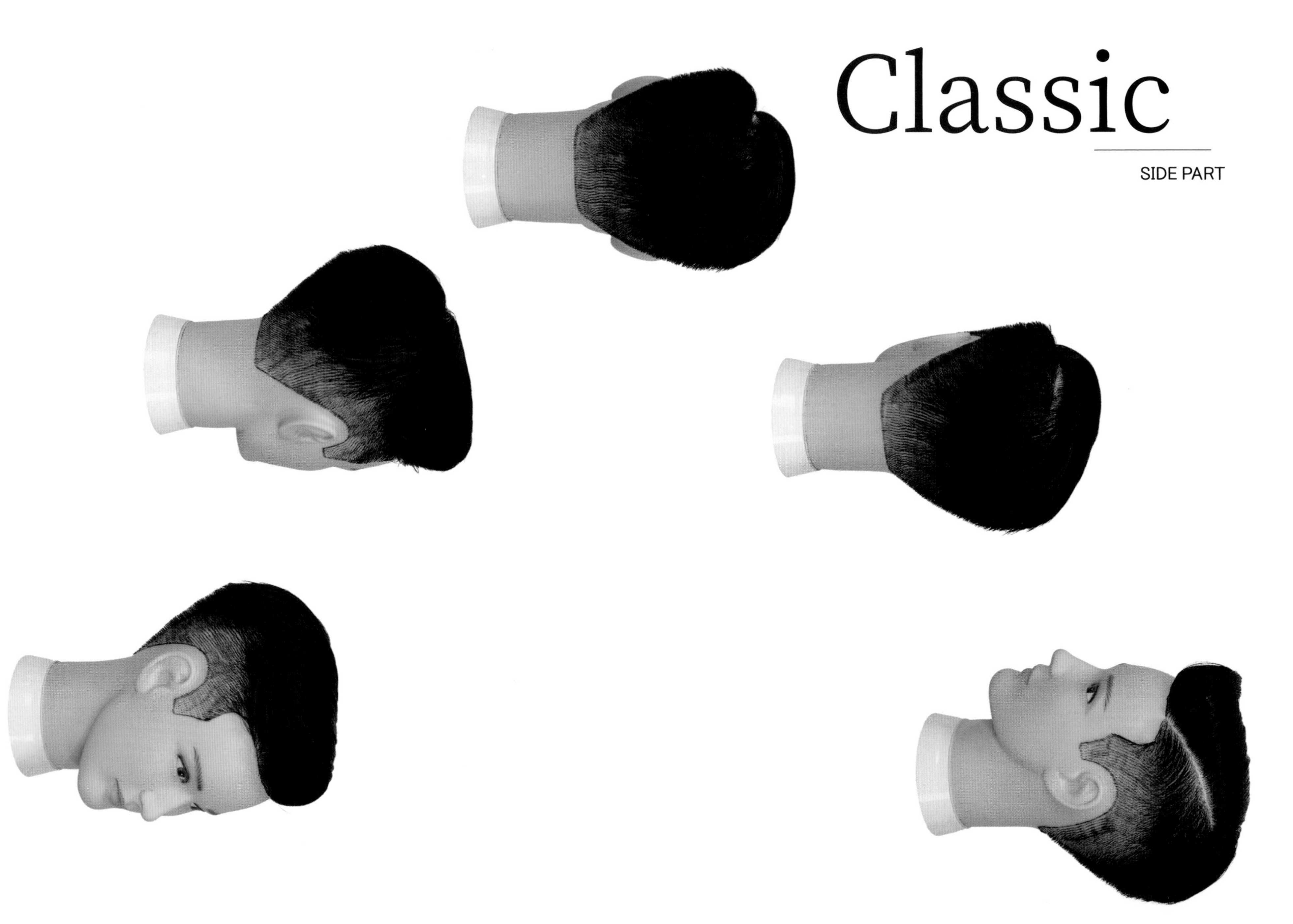

Fade Style

MOHICAN

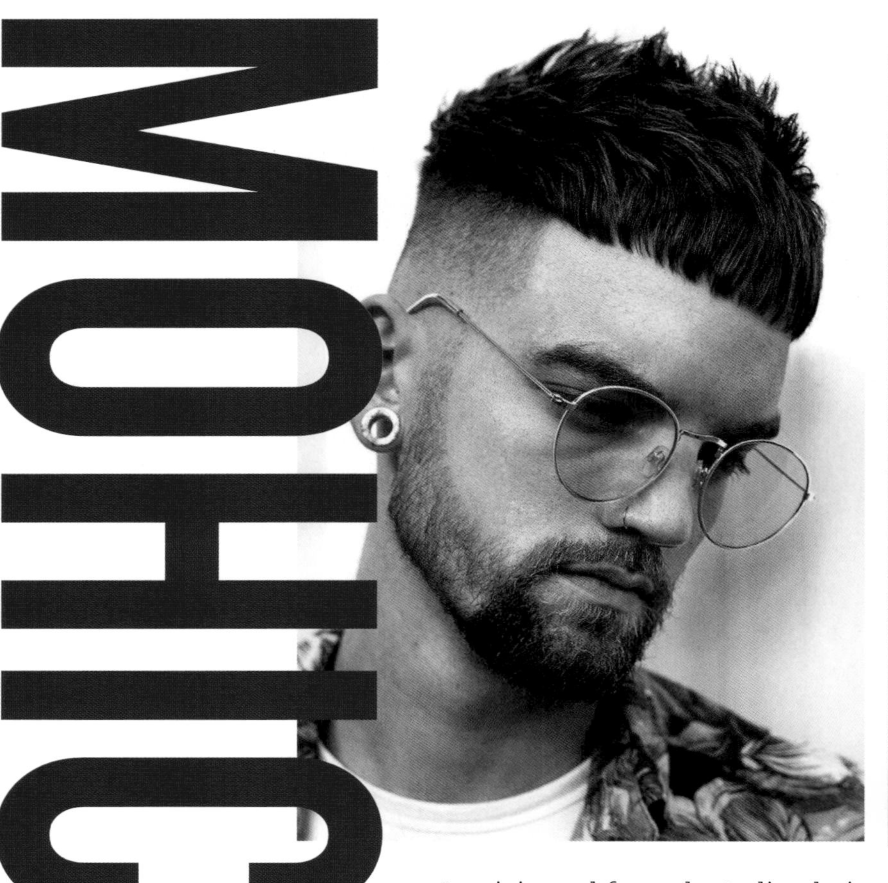

It originated from the Indian hairstyle and refers to a style in which the top part of the hair is made by standing up like a chicken rail.

MOHICAN
Style

'모히칸 스타일'이란?

모히칸(mohican) 인디언족의 헤어스타일에서 유래되었으며, top 부분의 모발을 닭볏처럼 세워 연출하는 스타일을 말한다.

ABOUT HAIR CUT & STYLING

shape	triangle
section	사선(diagonal), 수평(horiaontal)
technique	지간깎기, 오버 콤 테크닉
finish work	벤트 브러시와 라운드 브러시를 이용한 블로드라이
products	무광 타입의 포마드, 하드 스프레이

PROCEDURE

KEY POINT

- 프론트의 영역에서 'V' 라인의 파팅에 따라 T.P를 향해 점진적으로 길어질 수 있도록 해야 한다.
- 실루엣에서는 T.P의 길이가 가장 높지만, T.P ~ G.P 사이 영역은 동일한 길이로 커트해야 한다.
- 언더 섹션의 길이는 고객의 요구에 따라 다양하게 연출될 수 있으며, fade cut을 할 때는 그러데이션의 투명도와 라인이 잘 표현될 수 있어야 한다.

→ 이 책에 제시된 스타일은 high fade cut로써, bald 영역이 가장 높은 fade cut이다.

- 질감 커트 시 모발이 잘 세워질 수 있도록 모량을 많이 감소하고 딥 테이퍼링 해야 한다.

Mohican style

Head Sheet & Finished Look

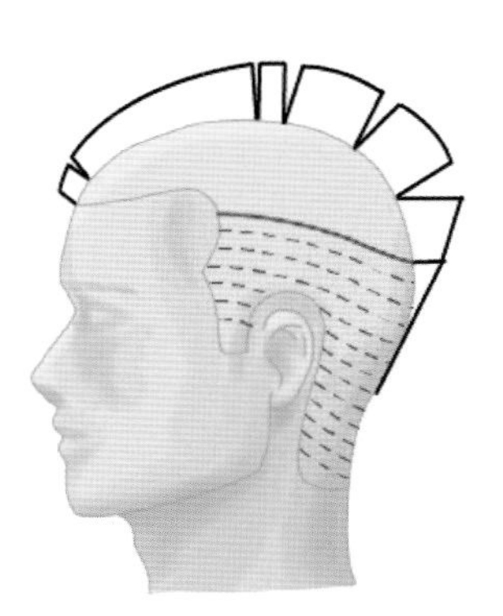

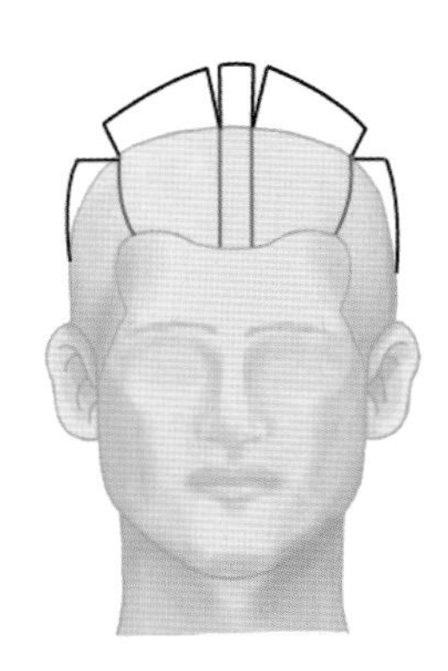

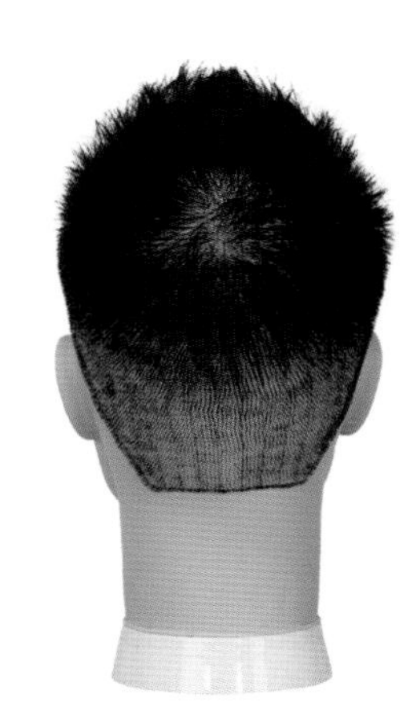

BACK

FRONT

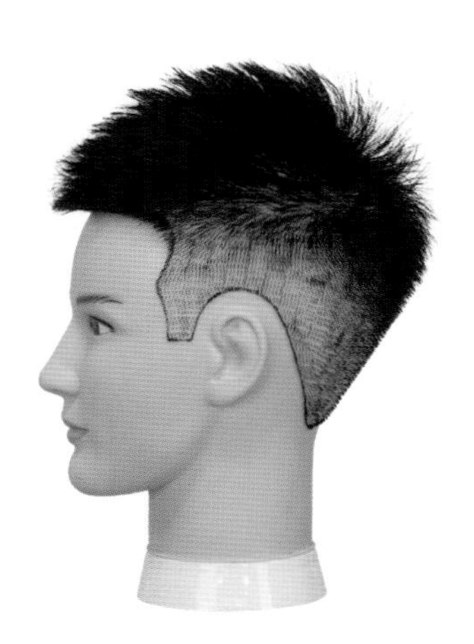

SIDE

C.P의 2cm 위에서 'V' 모양으로 파팅한다.

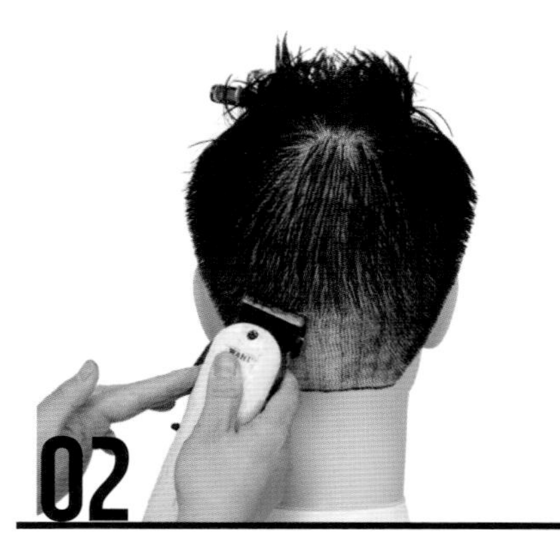

클리퍼를 'opne, 가드 없음'으로 준비하여, B.P까지 커트한다(bald zone 형성).

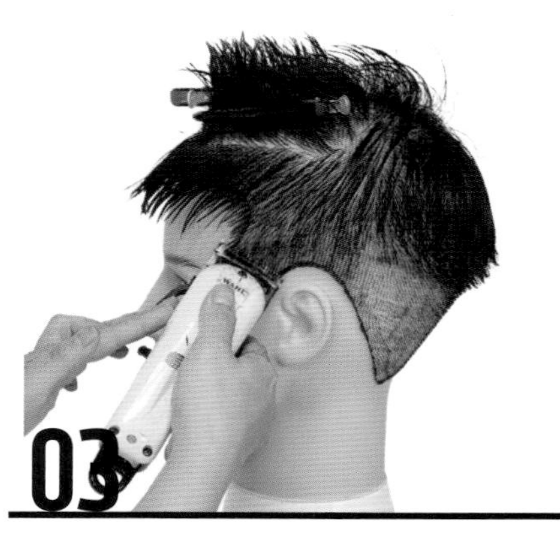

옆면은 S.P까지 후대각 라인으로 커트하여 뒷면의 컨벡스 라인과 연결한다.

프론트에서 그러데이션 빗 각도로 아웃라인을 설정한다.

각도를 들어 층을 형성한다. 이때 빗은 레이어 빗 각도를 유지하는 것이 좋다.

중앙에 형성된 길이를 가이드로 하여, 'V' 파팅을 따라 중간 시술각으로 층을 형성한다.

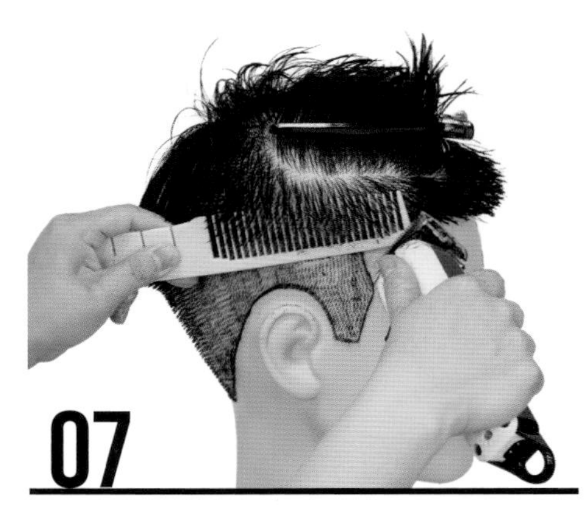

클리퍼를 'open, 가드 없음'으로 준비하여, 아웃라인에 bald zone(1번 가드 영역의 ½)을 형성한다.

클리퍼를 'opne, 1½번 가드'로 준비하여, 1번과 2번 가드 영역 사이에 부족한 명암을 조절한다.

클리퍼를 'opne, ½번 가드'로 준비하여, 1번과 가드 없이 커트한 영역 사이에 부족한 명암을 조절한다.

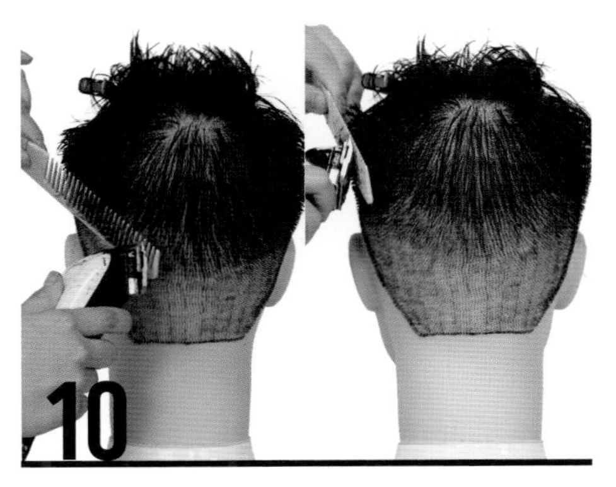

클리퍼 오버 콤 테크닉으로 뒷면과 옆면의 미흡한 부분을 수정 커트한다.

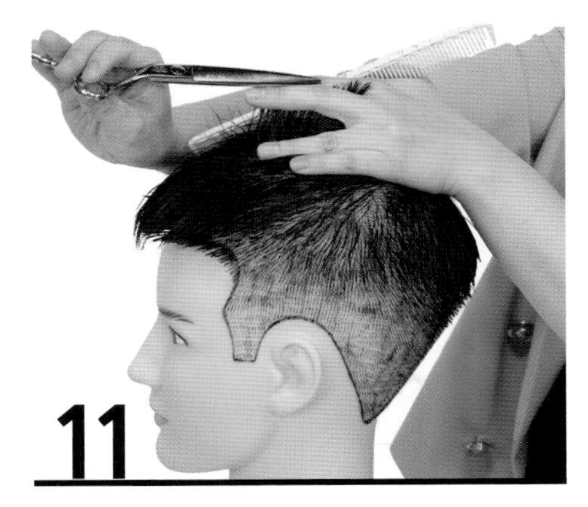

빗을 세로 방향으로 하여, 크로스 체크 커트를 한다.

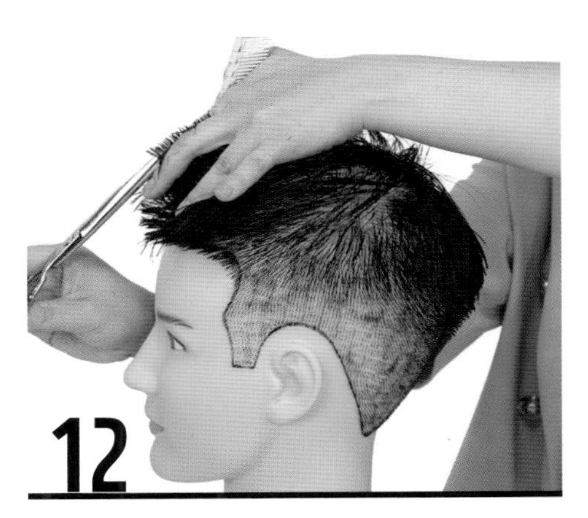

오버 섹션에 가르마를 파팅한다. 이때에는 고객의 자연 가르마를 찾아 나누어 주는 것이 좋다.

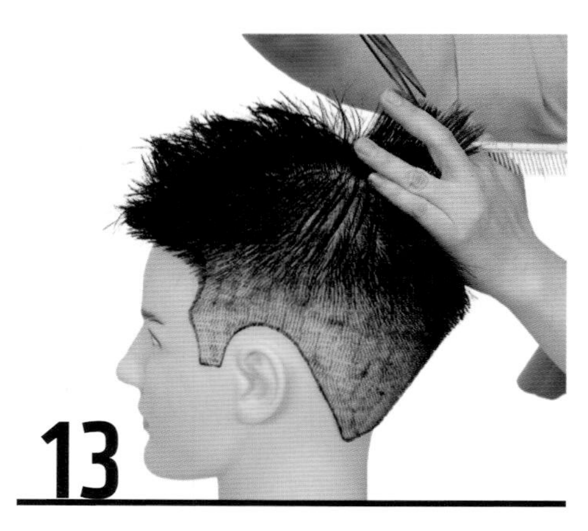

T.P의 가이드에 연결하여 G.P까지 동일한 길이(두상으로부터 90°)로 커트한다.

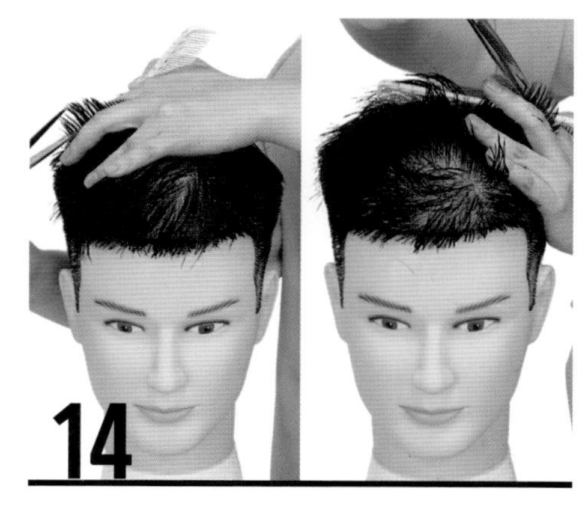

중앙의 가이드라인과 크레스트의 길이를 연결한다(크레스트로 갈수록 길이가 점차 짧아짐).

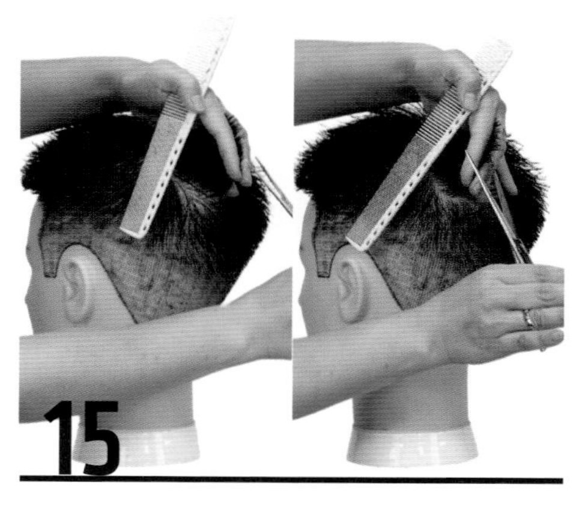

뒷면의 G.P~B.P 사이 영역을 피봇 섹션으로 체크 커트한다.

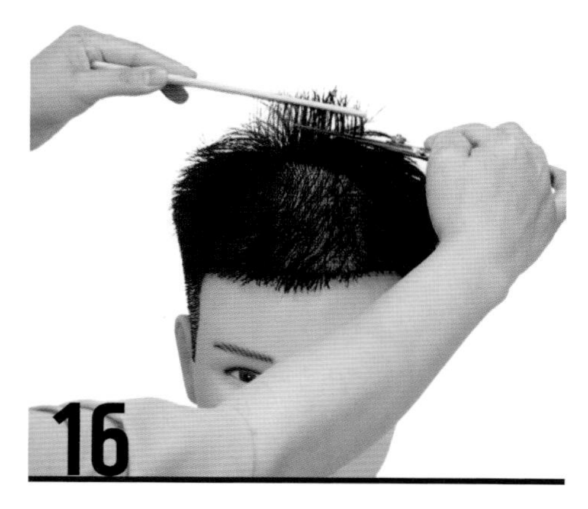

길이 커트가 끝난 후 질감 처리(딥 테이퍼링)를 한다. 이때에는 모발 길이가 짧기 때문에 빗으로 모발을 컨트롤한다.

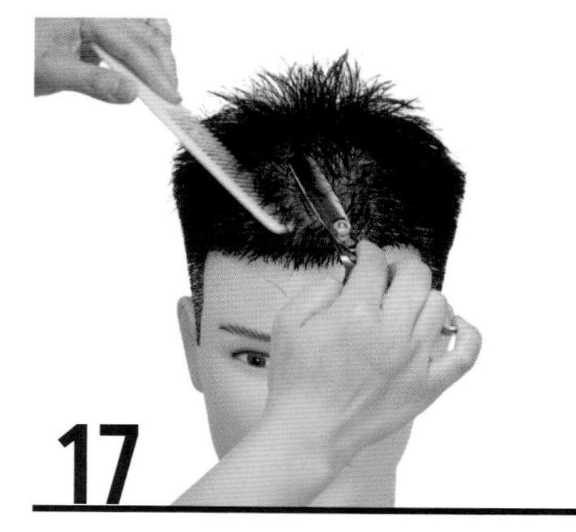

인테리어의 중앙 영역에서부터 시작하여, 오른쪽과 왼쪽의 순으로 떠내려깎기 한다.

자연 시술각으로 빗은 후 모발이 뭉쳐 있는 부분은 가위 끝을 이용하여 딥 테이퍼링 해 준다.

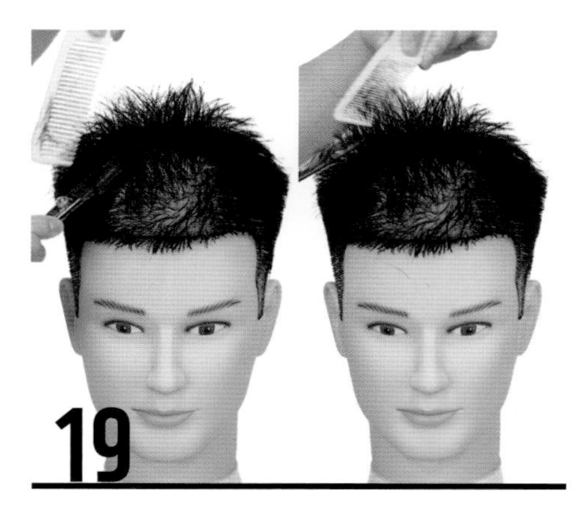

고객의 뒤쪽 방향으로 작업자가 이동하면서 인테리어 영역을 질감 처리한다.

모발 끝은 떠올려깎기 기법으로 엔드 테이퍼링을 한다.

질감 처리가 끝나면, 블런트 가위를 사용하여 리파인 작업을 한다.

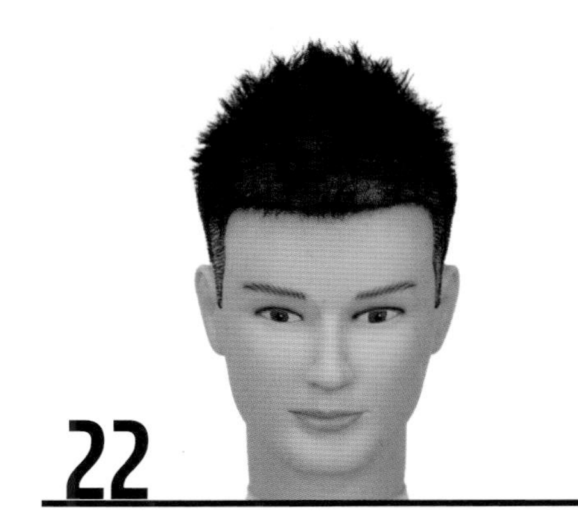

완성된 모습

Mohican Style

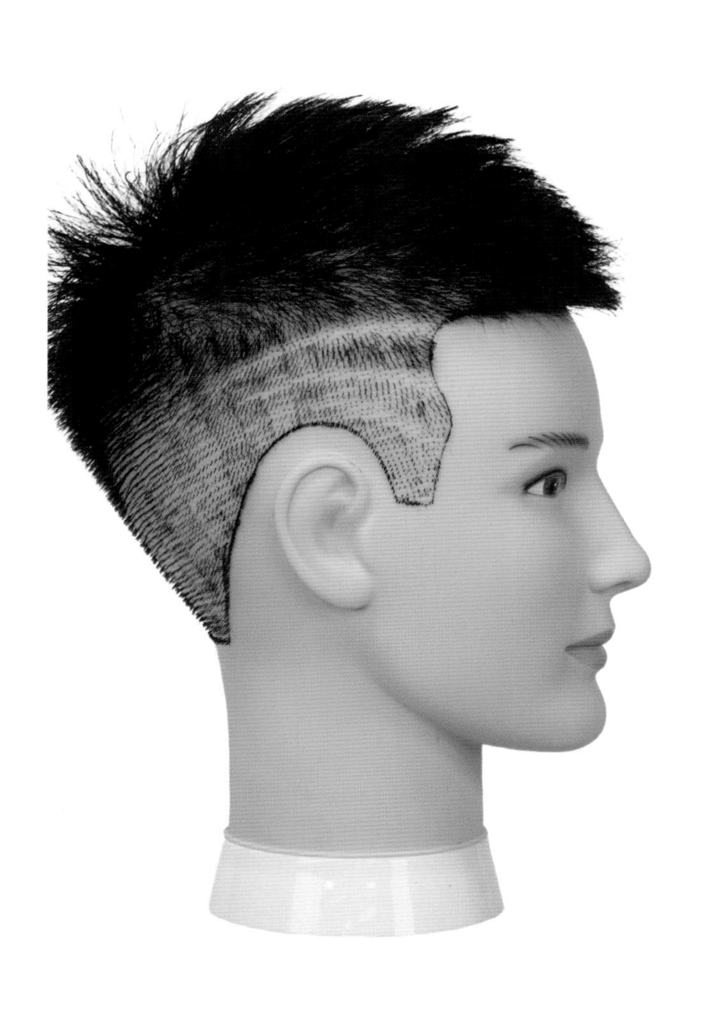

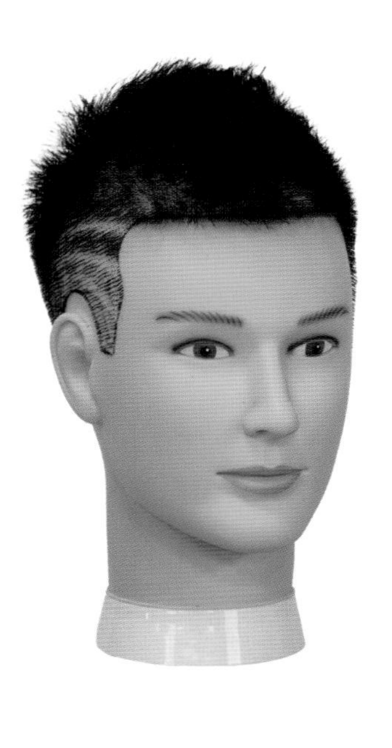

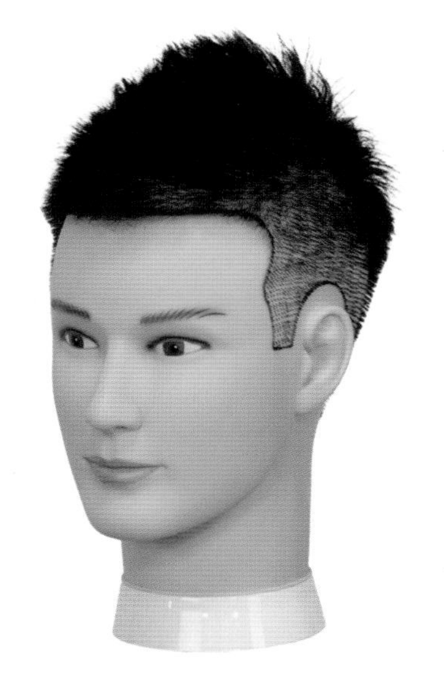

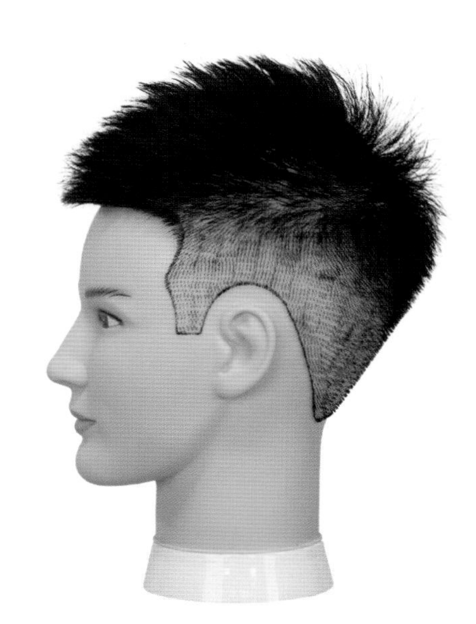

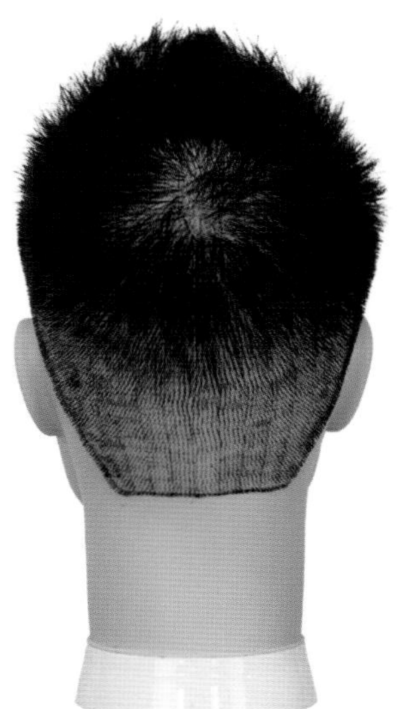

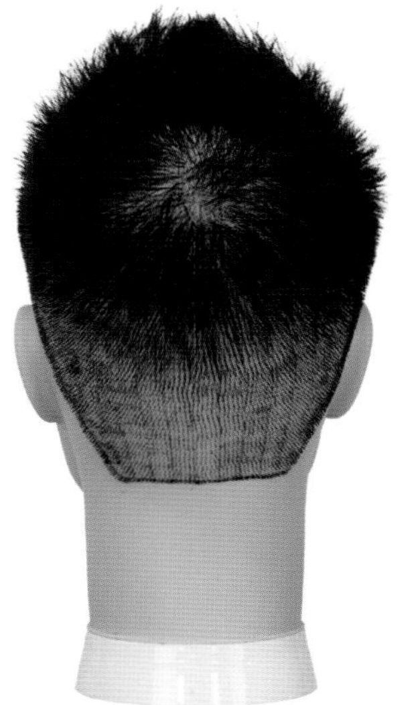

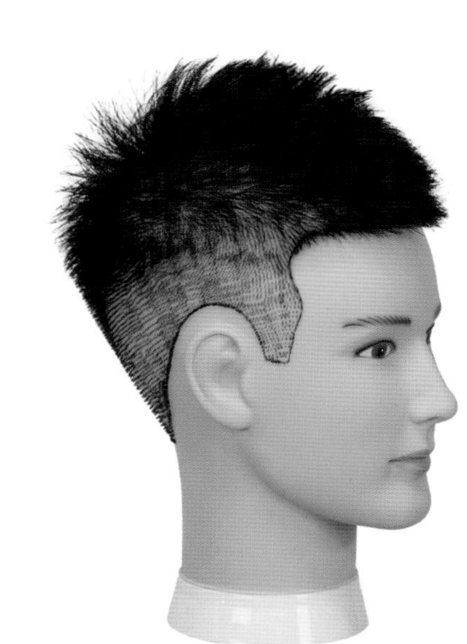

Casural

CHOPPY TEXTURE

용 어 정 리

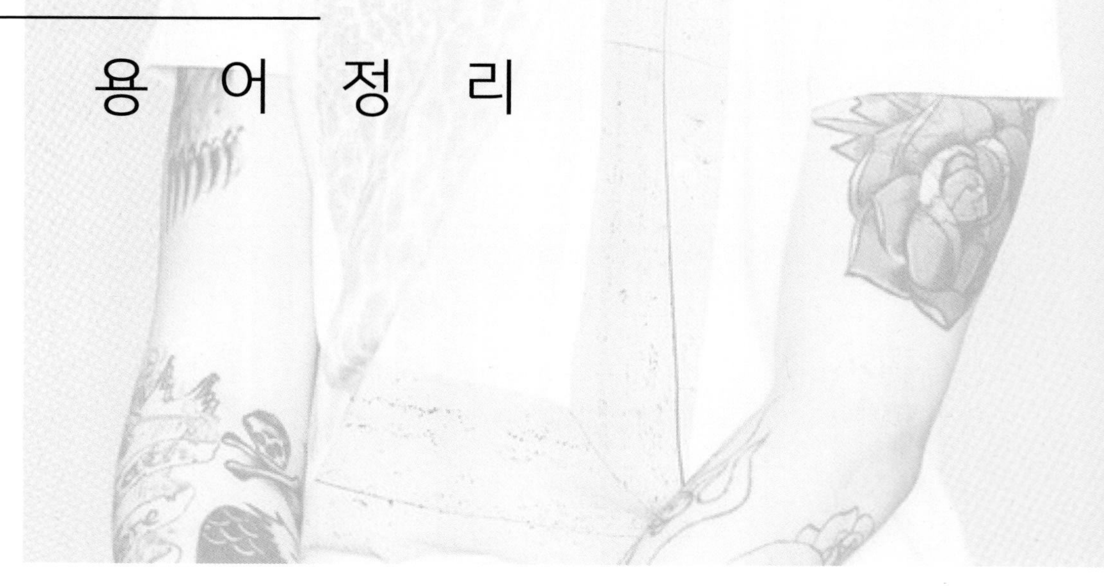

용어정리

Asymmetric
비대칭

헤어커트에서 길이뿐 아니라 형태와 무게가 다르면 어스매트릭이라고 함.

Balance
조화/비율

헤어커트 시, 밸런스 체크는 길이 형태 무게가 같은지를 체크

Bevel/Bevelling
사면/비스듬한 면

블로우 드라이시, 베벨링 테크닉은 모발 끝이 부드럽게 안쪽으로 안기도록 완성하는 테크닉

Bias cutting

모발을 가로지르도록 커트하는 것

Blend
혼합/조합

헤어커트에서 블렌드 = 테크닉 또는 형태를 혼합하는 것

Concave
오목한

두상의 가장 볼록한 부분이 제일 짧고 그다음이 점점 길어지도록 오목하게 자르는 커팅 앵글

Convex
볼록한

두상의 볼록한 부분을 그대로 따라가면서 볼록하게 자르는 커팅 앵글

Corner
각/모서리

두상의 모퉁이. 헤어커팅에서 두상의 둥글려진 부분에 모발의 길이를 남겨 코너를 만드는 것

Cross-checking
교차 점검

내가 사용한 섹션과 십자가가 되는 섹션을 사용하여 커트의 과정을 체크하는 것

Diagonal
사선/대각선의

1도에서 90도 사이의 각도로 두상을 가로지르게 취하는 섹션

Disconnection
분리/단절

길이가 기술적으로 연결되어 있지 않지만 조화로운 헤어커트의 영역

Elevation
승진/승격

마치 엘리베이터를 타고 올라가는 것처럼 모발을 두상으로부터 멀어지도록 들어 올리는 것

External shape
외곽의 형태

헤어커트의 바깥 형태

Flat
평평한/편평한

두상의 둥글려지는 부분에 사각형의 평평한 형태를 만드는 것

Freehand

헤어디자인을 할 때, 왼손이나 빗을 사용하지 않고 가위로만 커트하는 다양한 방법

Frontal bone
전두골

이마와 양쪽 눈 주변 지붕을 형성하는 뼈

Graduation

모발에 볼록함을 만들어 낼 때 사용하는 테크닉. 엘리베이션에 의해 무게감이 결정됨.

Guide line

헤어커트의 안내선

Horizontel
수평

섹션에 사용 되는 용어. 무게감을 만들어 주는데 지대한 공헌. 라인과 그래주에이션의 기술에 사용

Internal
내측의

엑스터널 안쪽의 것들은 모두 인터널

Layer
층

무게감을 제거할 때 사용하는 테크닉

Lines

모발을 모두 중력 방향으로 빗질 했을 때, 같은 면이 되도록 커트하는 것

Notching

머리끝으로부터 가위를 45° 정도로 비스듬하게 세워 모발 끝을 톱니 모양으로 지그재그로 커트하는 기법. 커트 후 모발의 불규칙한 디자인 선을 만들어 무게감이 제거된 가벼운 형태 선을 만듦. 블런트 커트보다 무거운 느낌을 다소 감소시킬 수 있으며, 웨이브 모발에 이상적. 포인트(Point) 테크닉이라고도 함.

Mastoid process
유양돌기

귀 뒤 푹 걸리는 뼈

Occipital bone
후두골

두상의 뒷면과 두개골의 목 부분에 위치한 뼈

Outline

엑스터널의 가장자리 끝부분, 엑스터널과 유사하지만 다른 개념. 아웃라인은 외곽선 느낌을 설명하고 싶을 때 사용

Over-direction

자기 방향을 넘어가도록 모발을 당기는 것

Parietal bone
두정골
두상의 윗부분과 옆쪽으로 된 형태의 뼈

Parallel
평행
섹션과 내가 원하는 방향은 평행이어야 하고, 섹션과 빗은 평행으로 들어가야 하고, 섹션과 손가락도 평행이어야 함.

Plane
면
손가락 첫째, 둘째 마디 정도의 평평한 면을 커트

Pointing
텍스처라이징을 할 때 사용되는 가장 대표적인 방법

Round
헤어디자인에서의 원형은 앞이 짧고 뒤로 갈수록 길어지는 형태

Refine
테크니컬 커트가 끝난 후, 디자인이 완성될 때까지의 모든 과정

Section
작업 시, 결과를 얻기 위해 과정을 세분화해서 적용할 수 있도록 나누는 영역

Slice
마치 치즈처럼 얇은, 끊어지지 않는 선으로 연결된 부분. 주로 컬러에 사용 (= 슬라이스 테크닉)

Slicing
모발의 뿌리 부분에서부터 끝으로 갈수록 모량을 제거

Square
사각
앞과 뒤가 수평을 이루는 형태

Temple
관자놀이
두개골의 광대뼈 위쪽으로 위치한 평평한 부분

Tension
잡아당기는 힘, 장력
화가가 스케치를 할 때, 선의 농담에 따라 그 그림의 무게감과 느낌이 달라지듯이, 헤어커트도 텐션에 따라 선의 농담이 달라짐.

Texture
질감
모발의 자연스러운 움직임

Triangle
헤어디자인에서의 삼각형 = 뒤가 짧고 앞으로 갈수록 점점 더 길어지는 형태

Vertical
수직
섹션에서 사용하는 용어. 무게감 제거에 큰 역할

Weight
무게감/무게

헤어컷트에서 볼륨과 같은 의미로 사용. 볼륨은 느낌에 치중된 용어. 웨이트는 정확하게 볼륨이 최대치로 쌓여 있는 부분

Weight line
무게선

무게가 집중되어 선처럼 느껴지거나 선보다는 약간 둥글려지는 느낌

Wrap dry

드라이 시 사용하는 세 가지 테크닉 중 뿌리 부분의 자리를 잘 잡을 수 있도록 하는 테크닉

Zygomatic bone
광대뼈

얼굴의 위쪽과 옆부분의 광대뼈 형태

돌려깎기

빗을 시계 방향 또는 시계 반대 방향으로 돌려가며 커트하는 기법으로 주로 귀 주변과 후두부에서 많이 사용

떠올려깎기

빗살을 이용하여 모발을 떠올려 일으켜서 빗살 사이에 나온 긴 모발을 커트하는 기법

밀어깎기

왼손 엄지손가락 완충면 위에 가위 끝을 고정시키고 밀어주면서 모발 길이를 미세하게 제거하는 방법으로써 주로 중지, 소지, 약지손가락을 지지대로 함

연속깎기

오버 콤 테크닉의 한 종류로서, 빗과 가위가 평행하게 위치하여 이동하면서 연속적으로 깎는 기법

세워깎기

커트의 완성 단계에서 빗을 사용하지 않고 모발 표면에 파우더를 바르고 요철이 있는 부위를 수정하는 커트 기법으로 밀어깎기와 당겨깎기가 있음. 접합부(무게선 위치)의 수정 시 많이 사용됨.

지간깎기

모발을 왼손 검지와 중지 손가락 사이에 끼워 일정하게 커트하는 기법

참고문헌

- 『기초 이발』. 교육부(2020). 한국직업능력개발원, 사)한국이용사회중앙회
- 『나인 메트릭스 남성커트』. 준오아카데미(2020). 준오아카데미
- 『남성 커트의 모든 것』. 김성철(2016). 크라운출판사
- 『남성 헤어 커트』. 박은준, 김영래 외 6(2018). 메디시언
- 『남성 헤어 커트 & 캡스톤 디자인』. 최은정, 진영모, 김광희(2020). 광문각
- 『단발형 이발』. 교육부(2020). 한국직업능력개발원, 사)한국이용사회중앙회
- 『맨즈 스타일 커트』. 김선희, 진정애, 최운영(2014). 훈민사
- 『한권으로 끝내준, s 미용사 일반』. 류은주, 차소연 외4(2022). 크라운출판사
- Pivot point(2018). 『PIVOT POINT FUNDAMENTALS: BARBERING』. Pivot Point

사진출처

- 쎄아떼 헤어마트(ttps://smartstore.naver.com/ceate.)
- https://menshaircuts.com/best-haircuts-for-men/
- https://nextluxury.com/mens-style-and-fashion/best-long-hairstyles-for-men/
- https://www.thetrendspotter.net/wp-content/uploads/2018/03/Fringe.jpg
- https://www.dmarge.com/wp-content/uploads/2014/02/Men-Medium-Hairstyles.jpg
- https://www.jeanlouisdavid.us/app/uploads/sites/5/2023/03/15664-awaken-your-inner-dandy-with-a-sophistic-article_media_block-2.jpg
- https://www.pinterest.co.kr/

부 록

절취선

work sheet

Style name. ________________________________

Sketch.

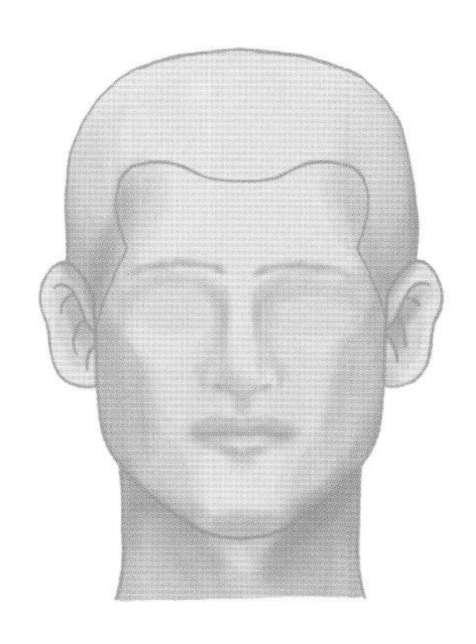

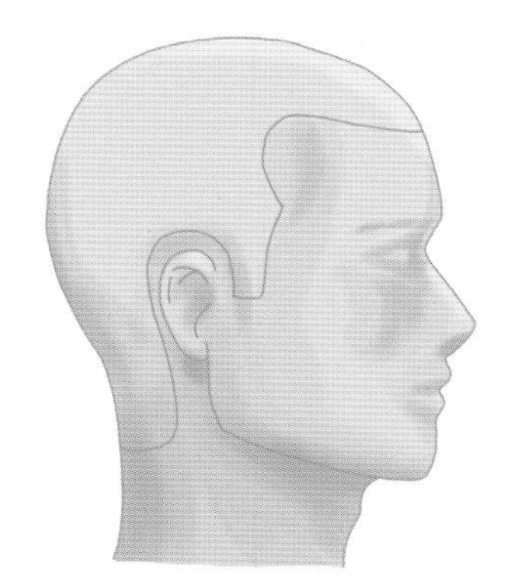

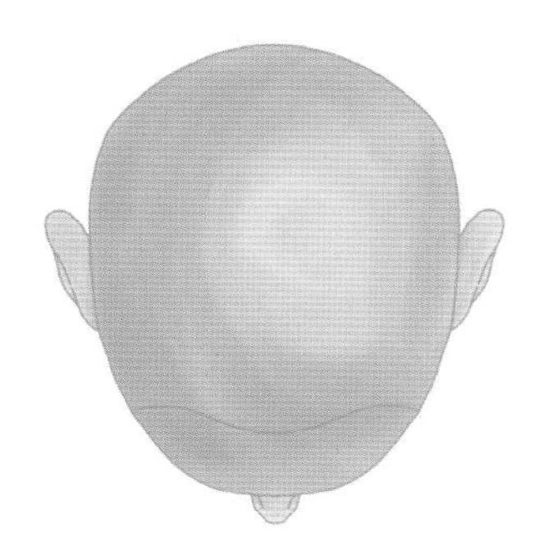

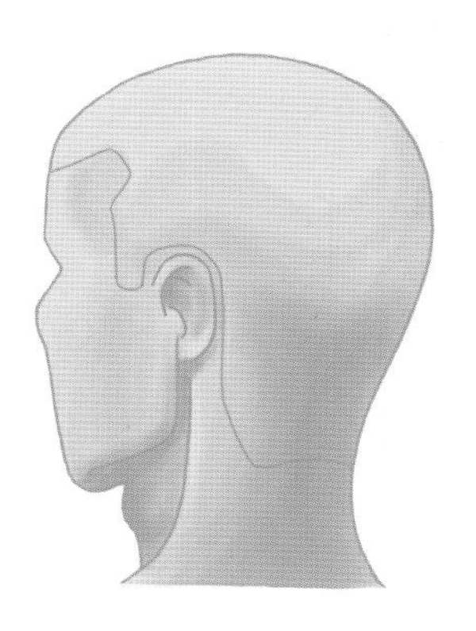

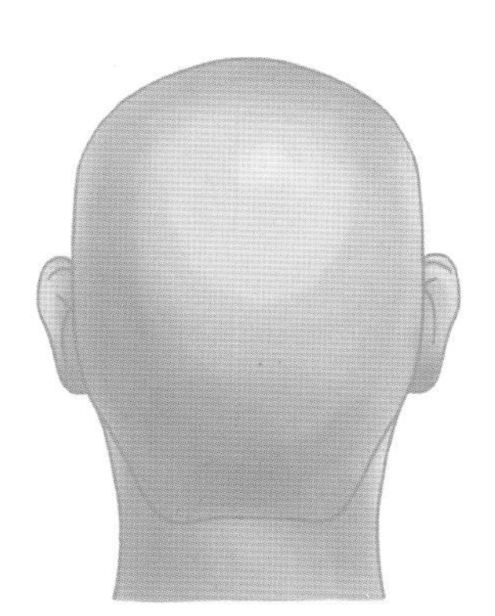

Memo

절취선

work sheet

Style name. ______________________________

Sketch.

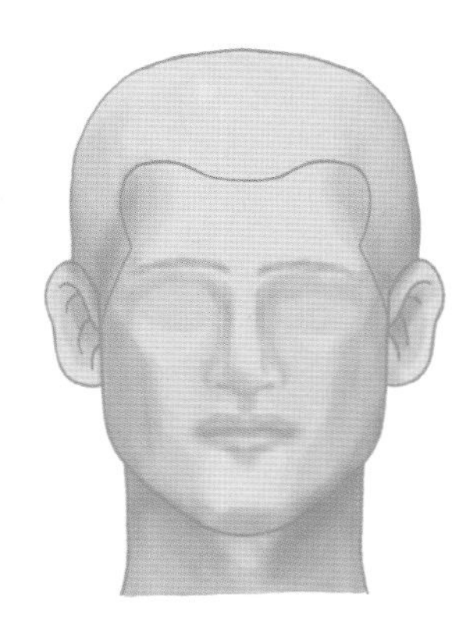

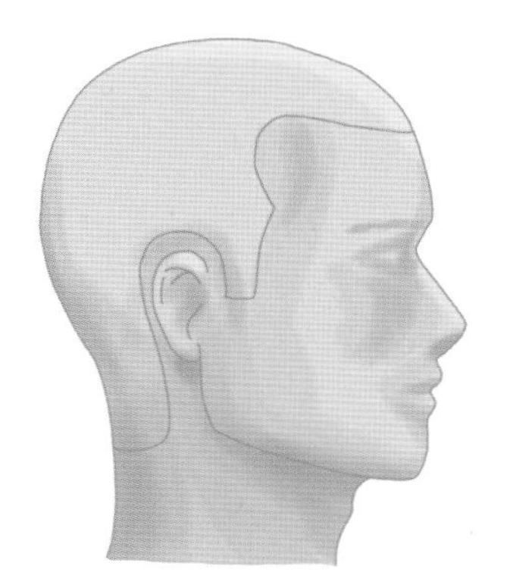

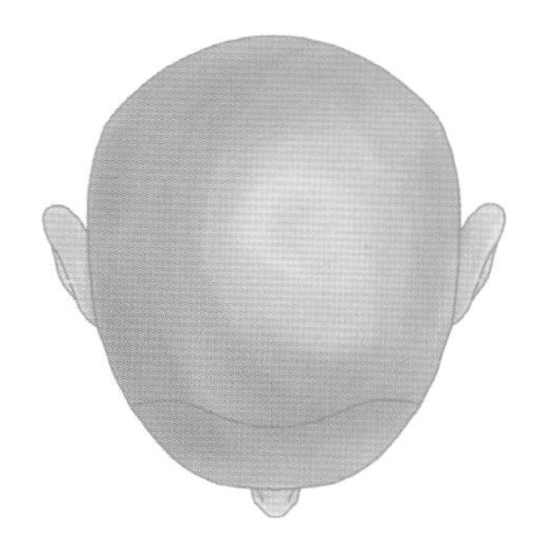

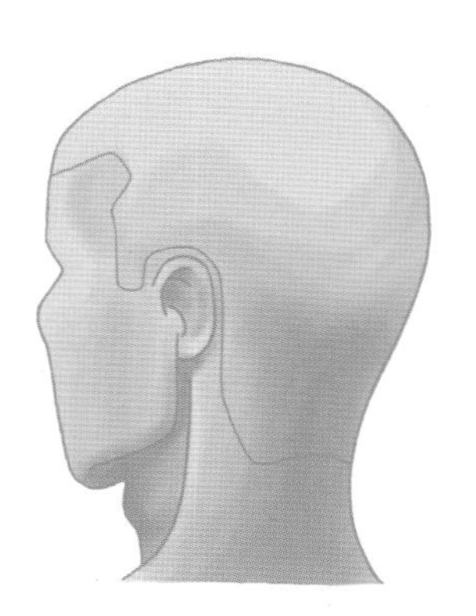

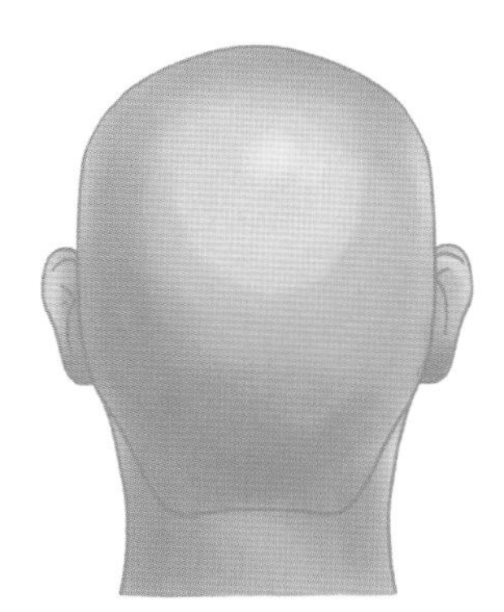

Memo

절취선

work sheet

Style name. ______________________________

Sketch.

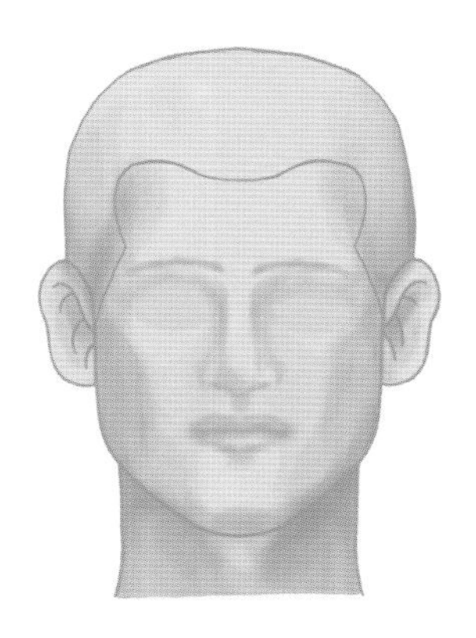

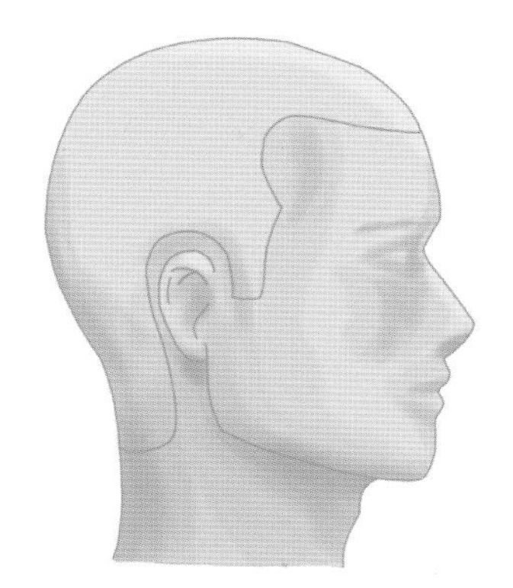

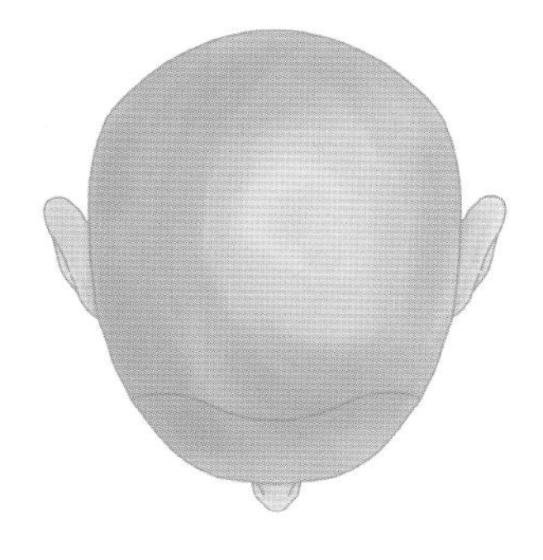

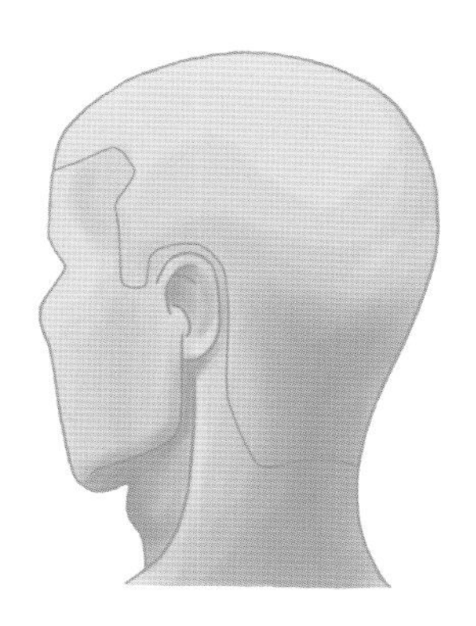

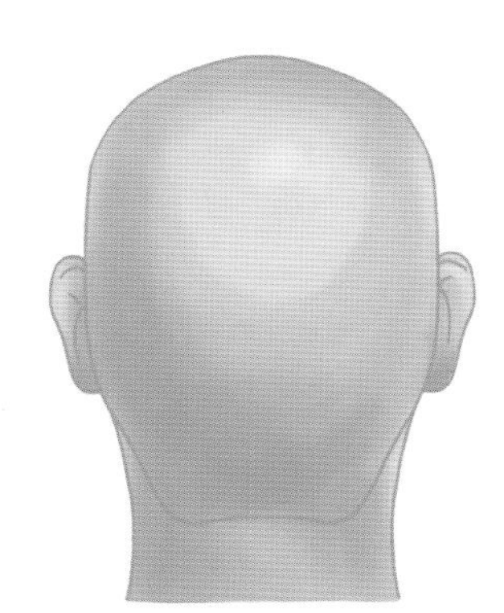

Memo

절취선

work sheet

Style name. ______________________________

Sketch.

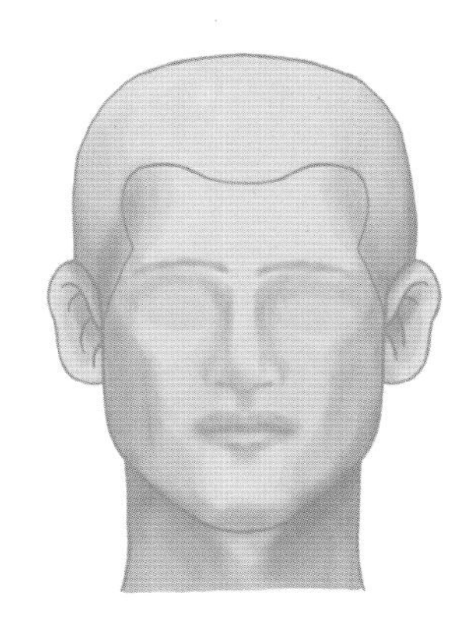

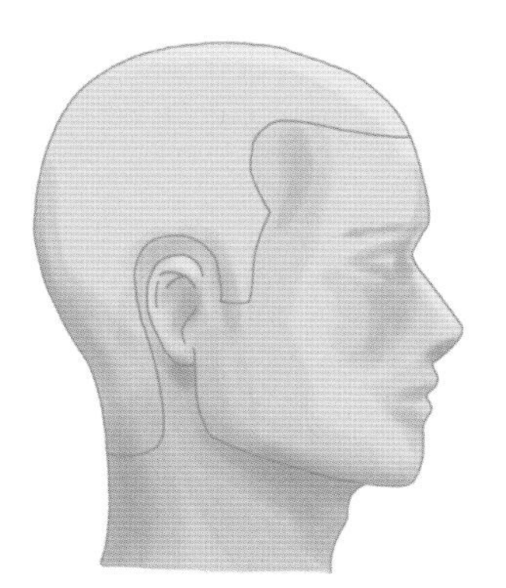

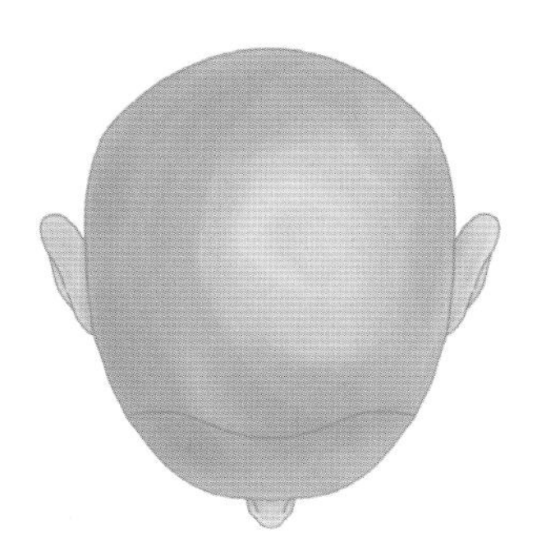

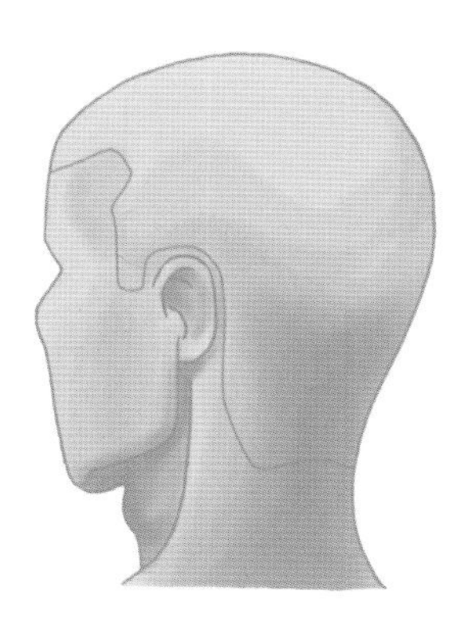

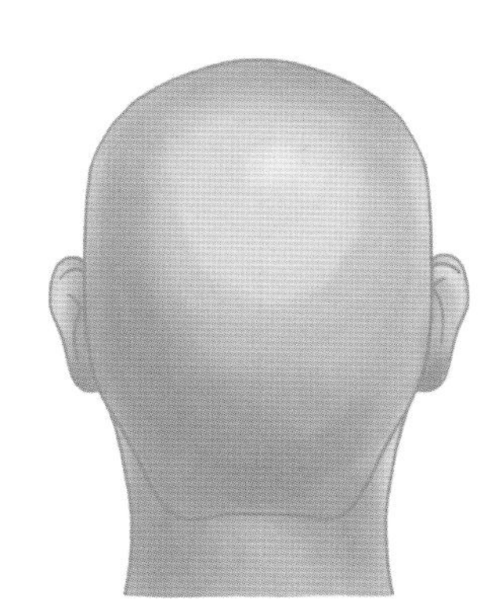

Memo

절취선

work sheet

Style name. ____________________

Sketch.

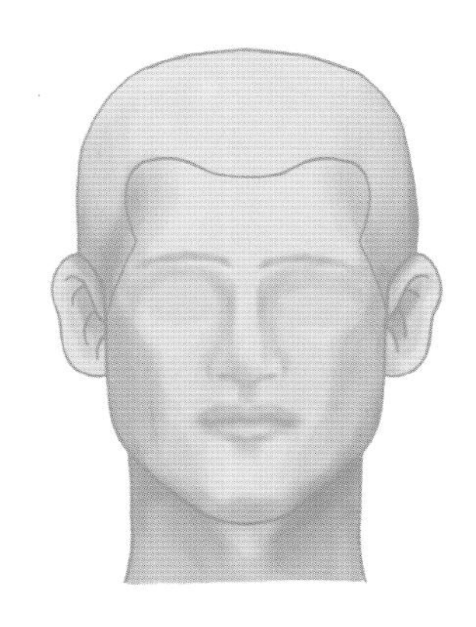

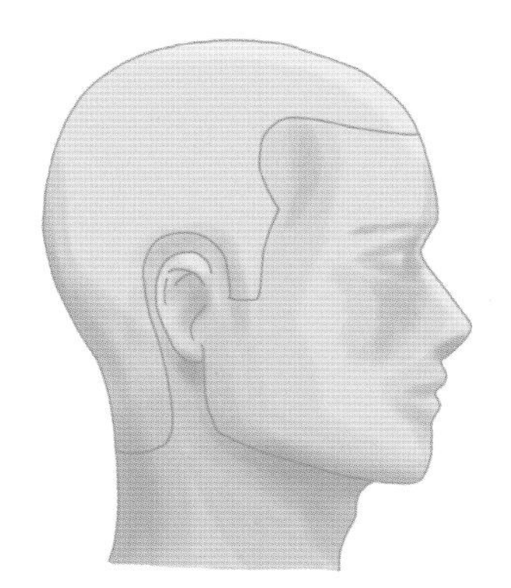

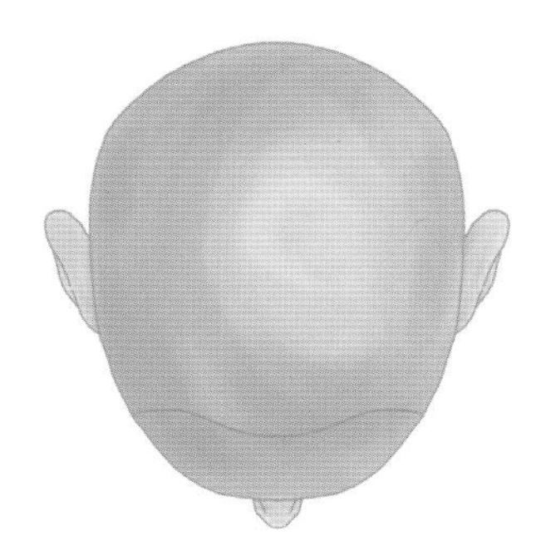

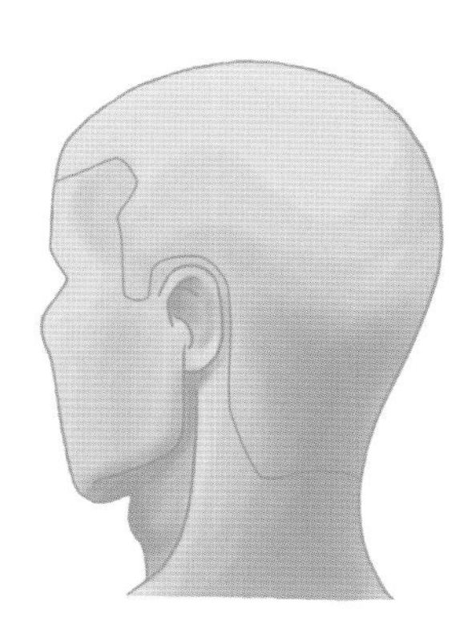

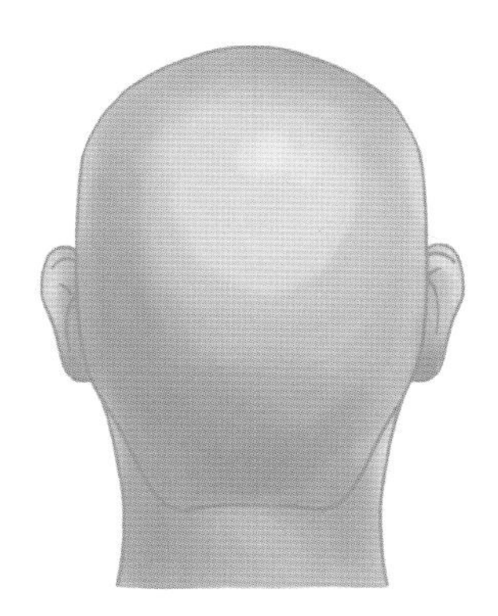

Memo

절취선

work sheet

Style name. ____________________

Sketch.

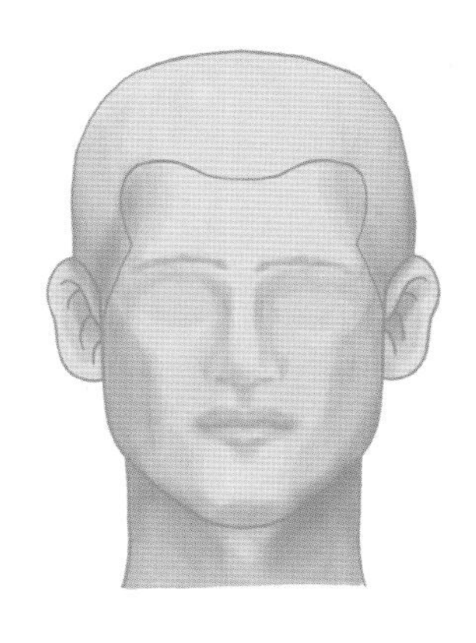

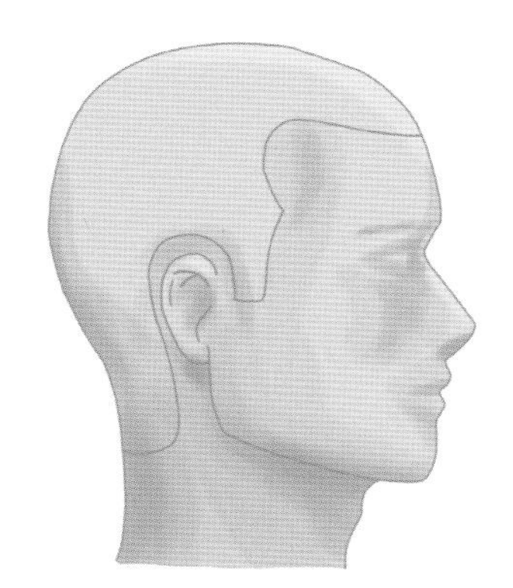

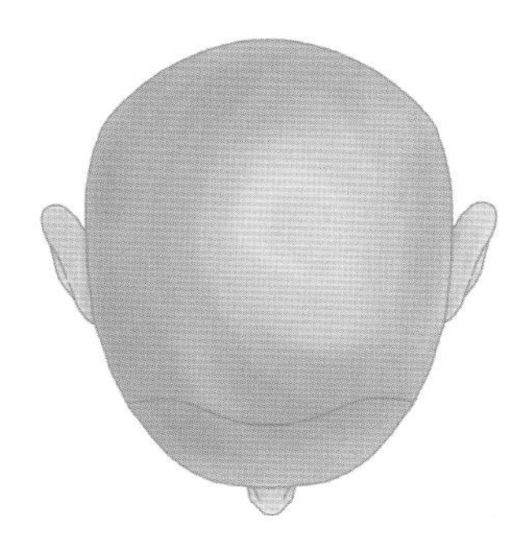

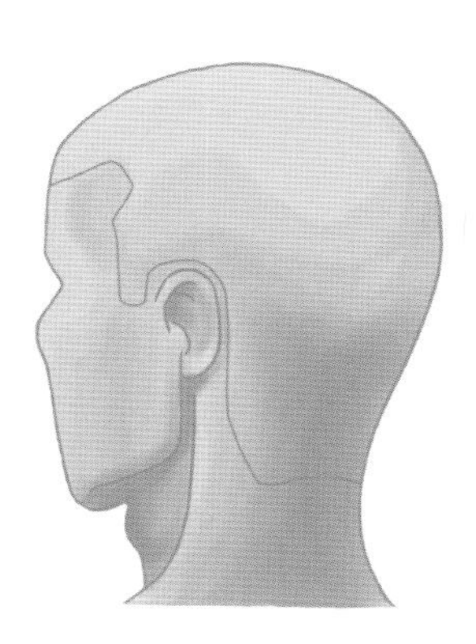

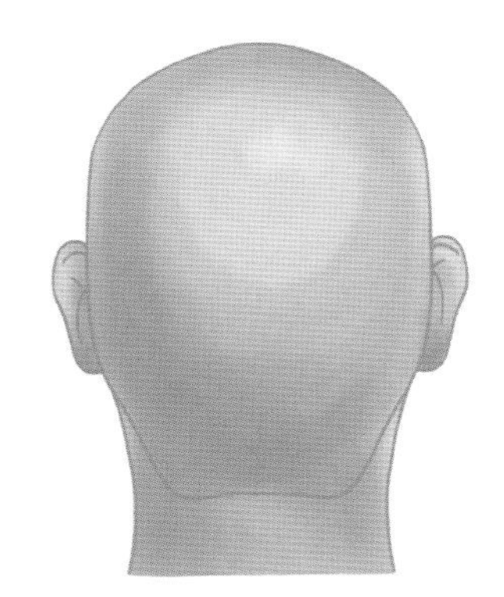

Memo

절취선

work sheet

Style name. ______________________________

Sketch.

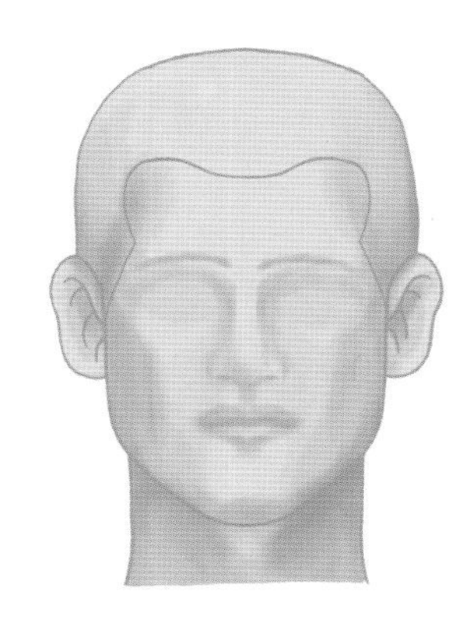

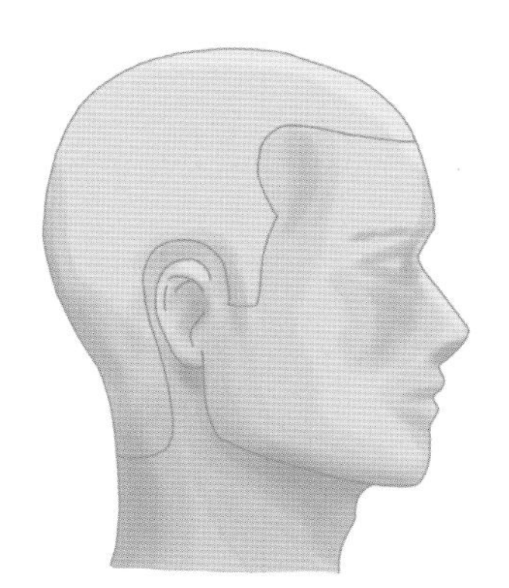

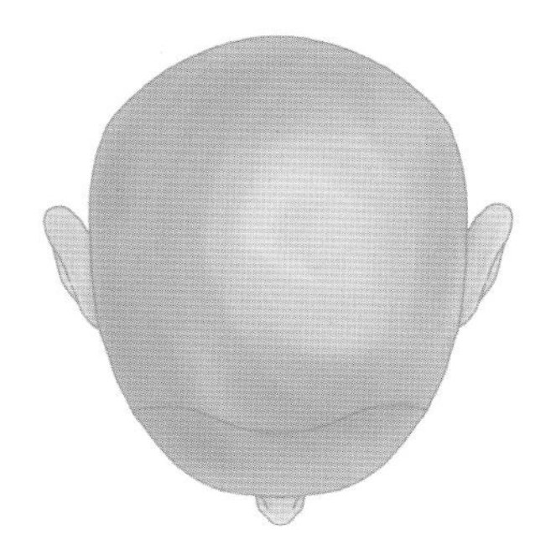

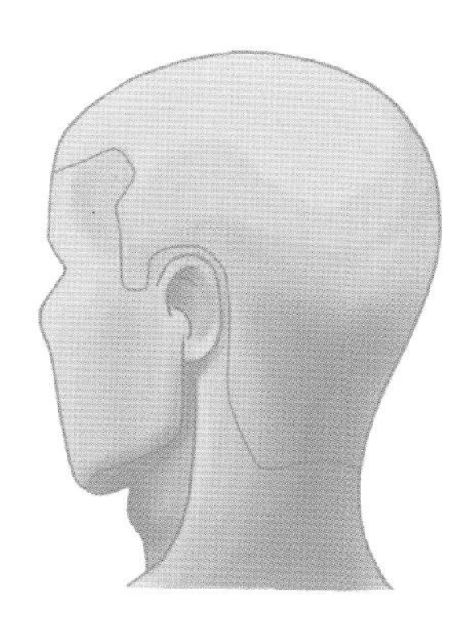

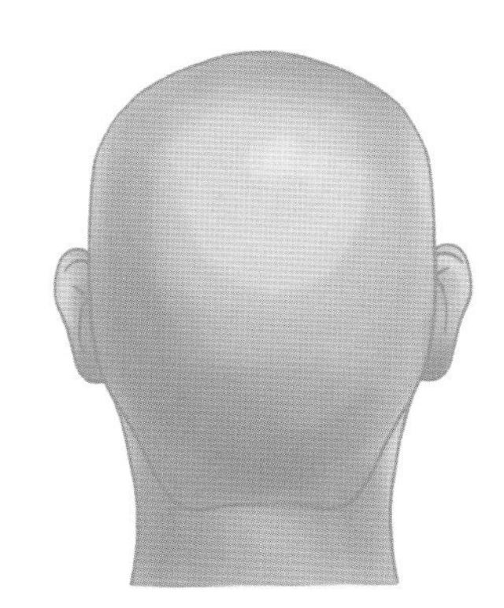

Memo

절취선

work sheet

Style name. ______________________________

Sketch.

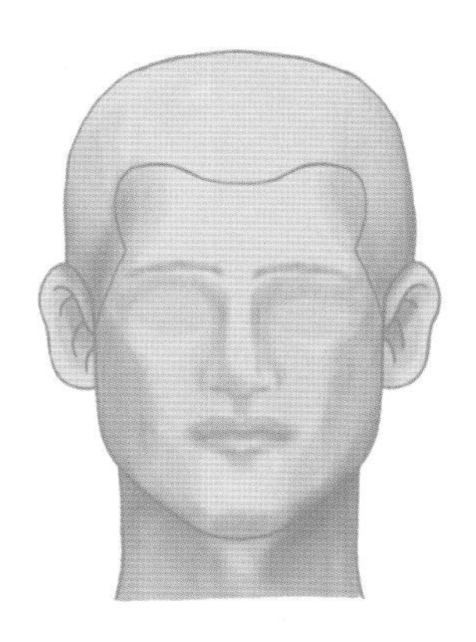

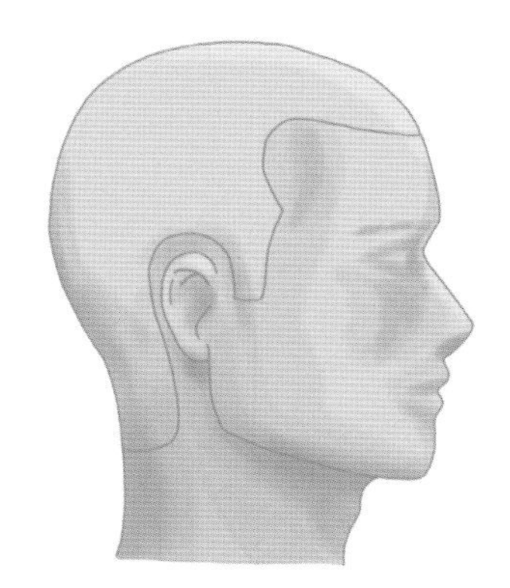

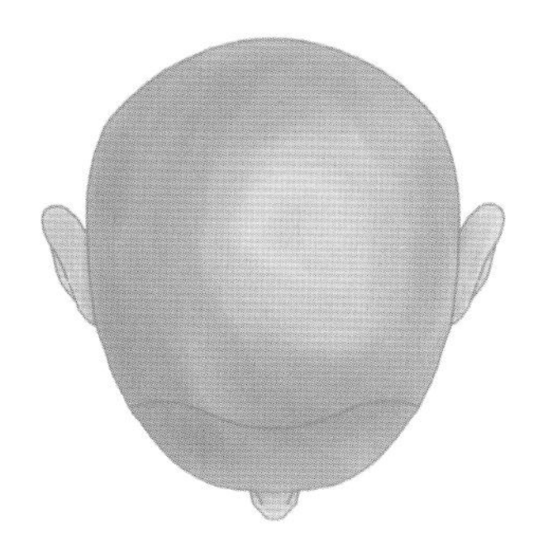

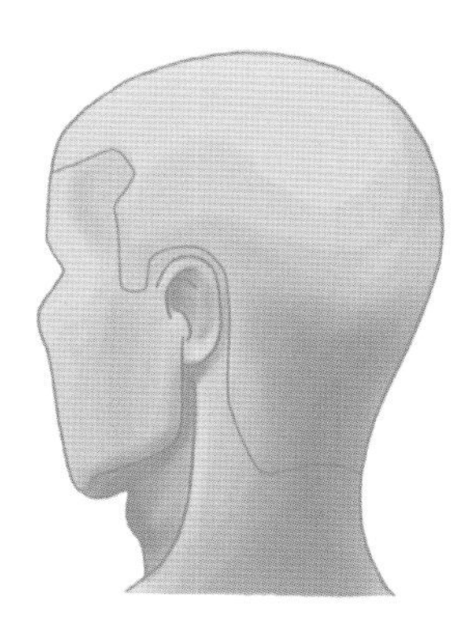

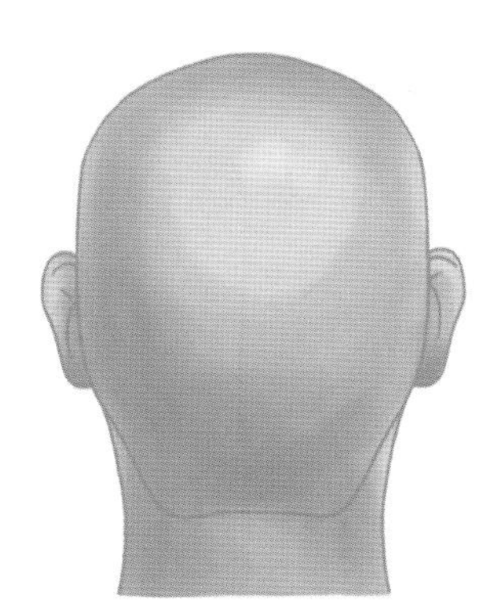

Memo

절취선

work sheet

Style name. ______________________________

Sketch.

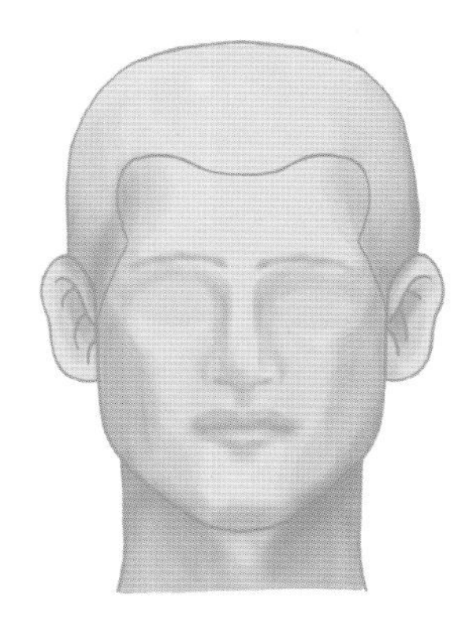

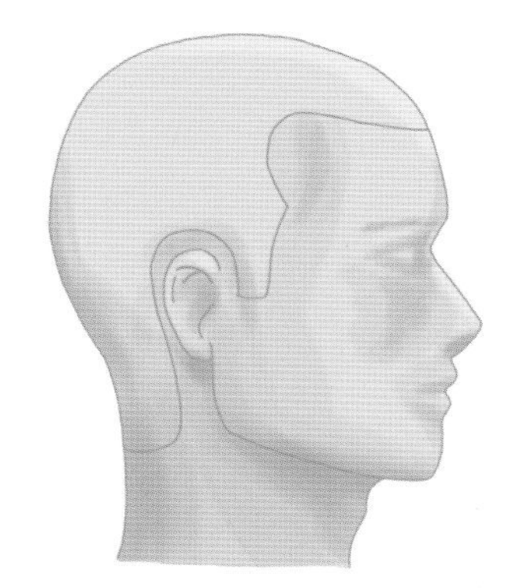

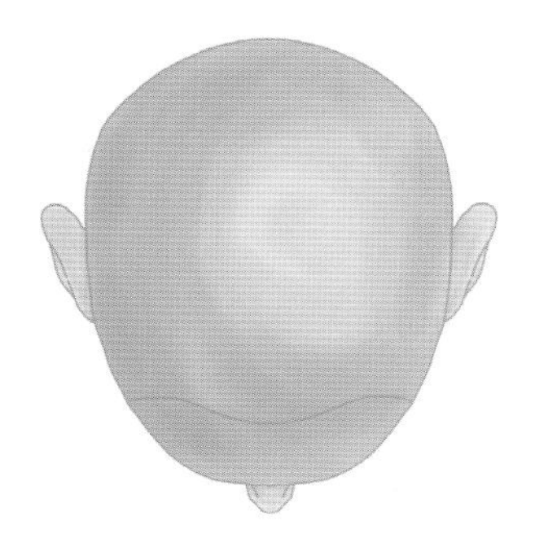

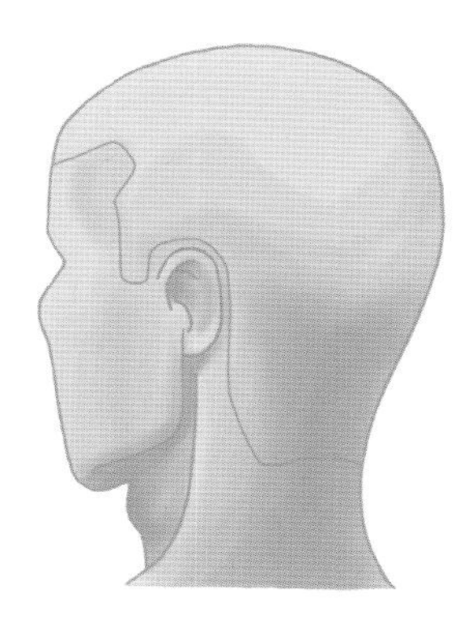

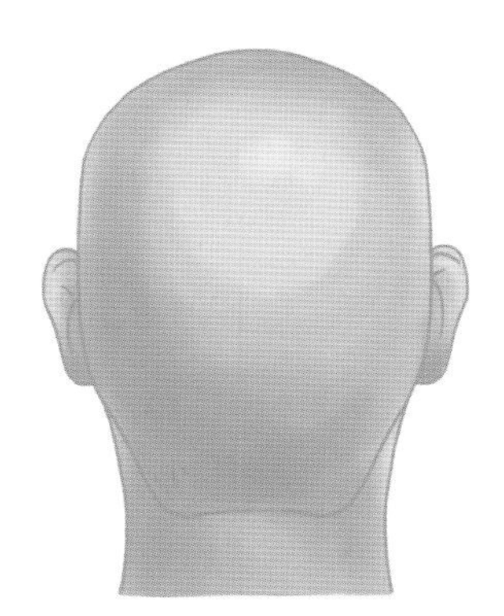

Memo

절취선

work sheet

Style name. ______________________________

Sketch.

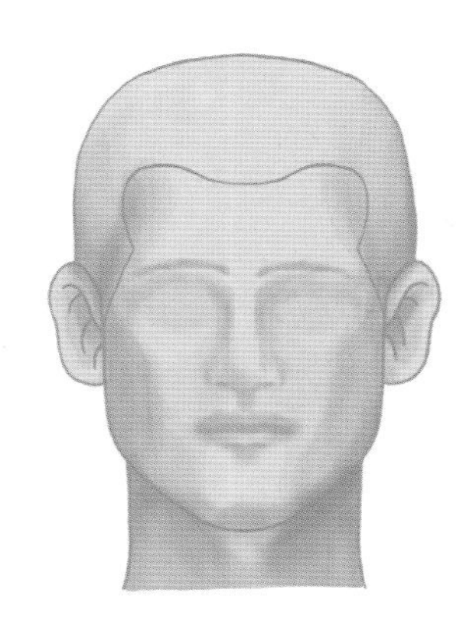

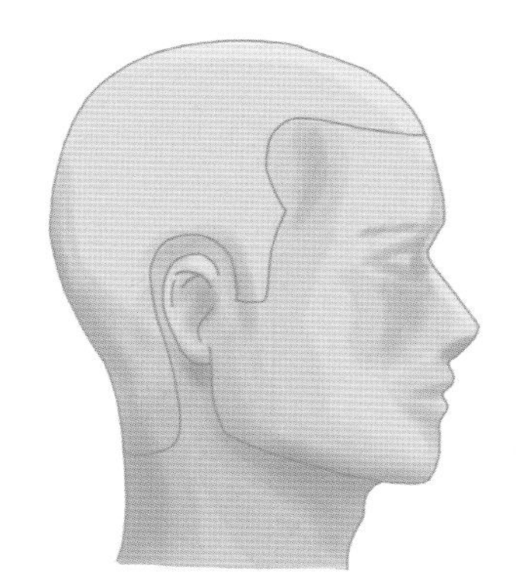

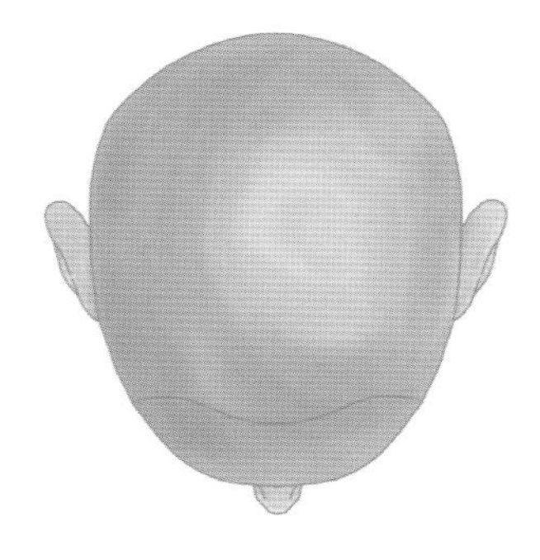

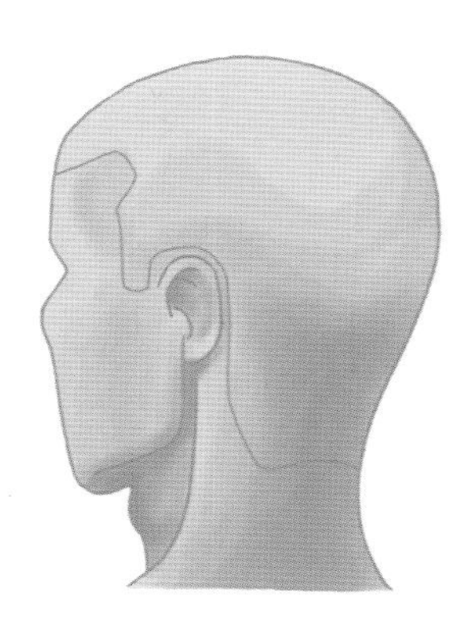

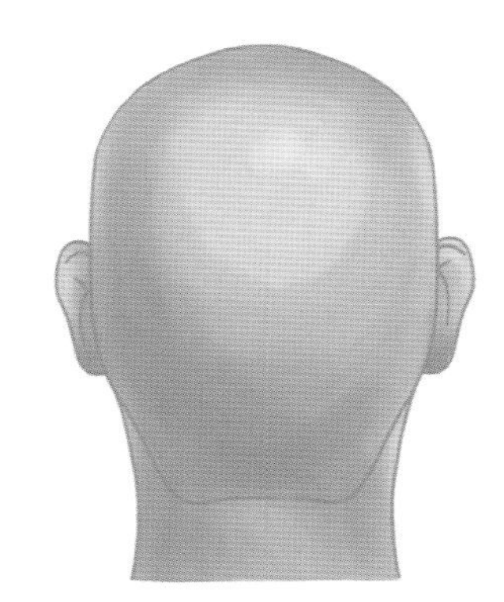

Memo

절취선

work sheet

Style name. ______________________________

Sketch.

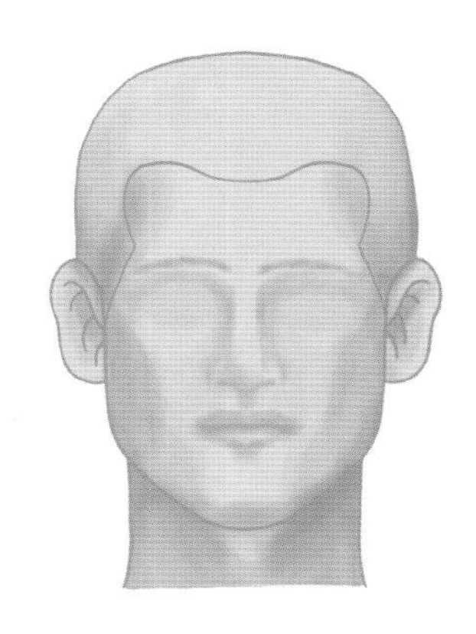

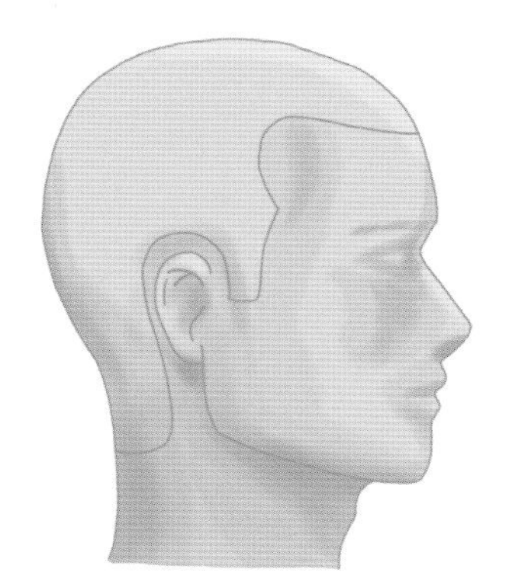

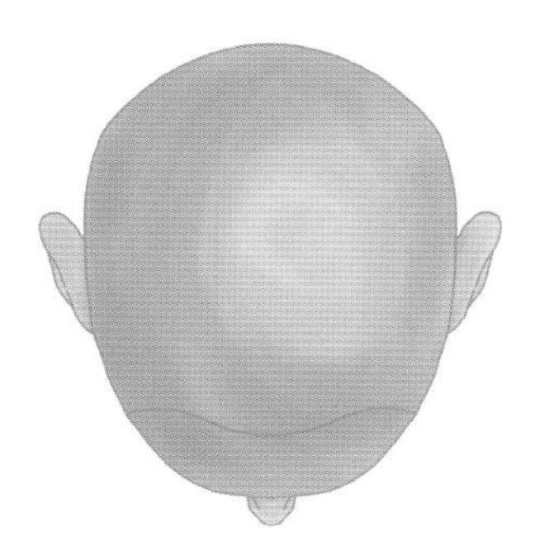

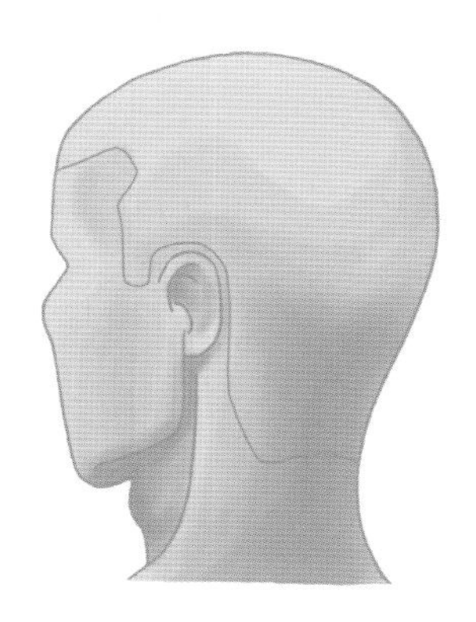

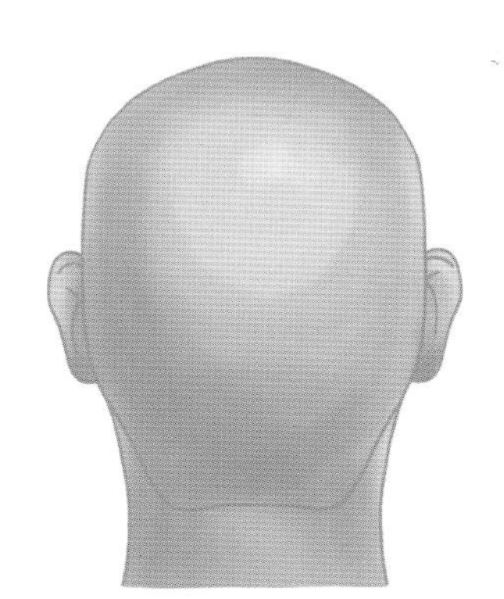

Memo

work sheet

Style name. ______________________________

Sketch.

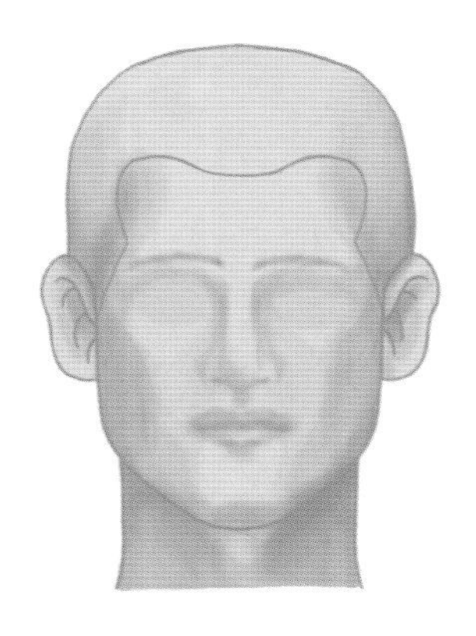

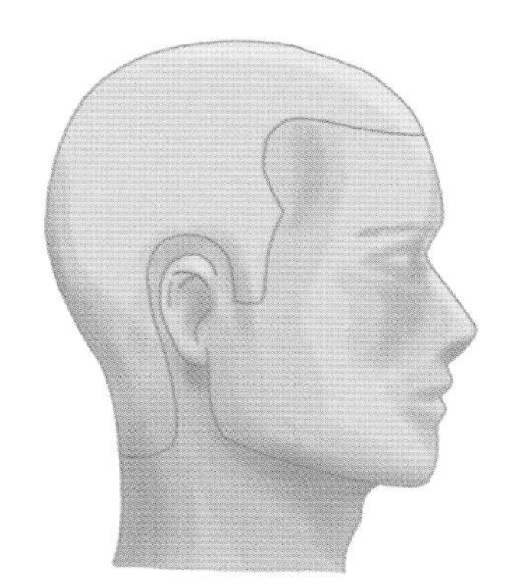

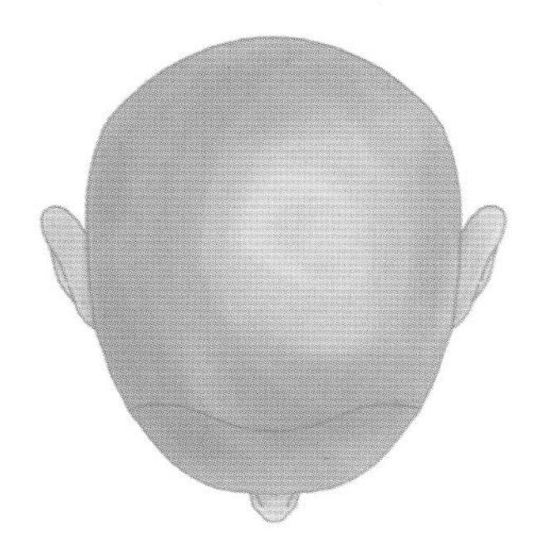

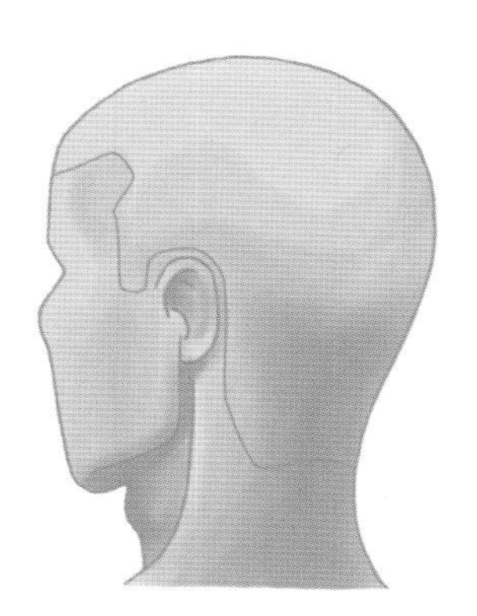

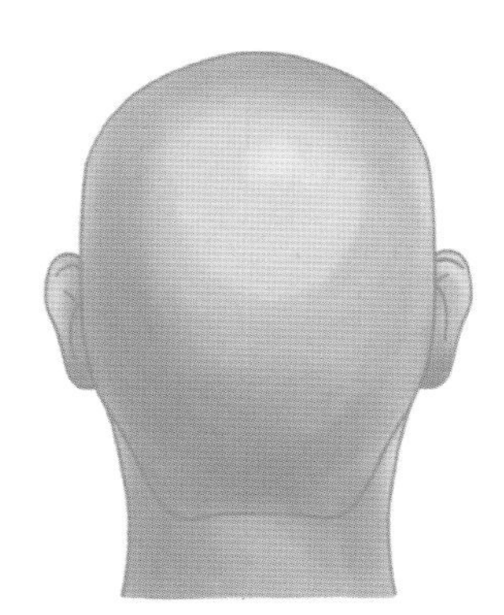

Memo

BARBERING HAIRCUT
Trend Style

2023년 9월 12일 1판 1쇄 인 쇄
2023년 9월 25일 1판 1쇄 발 행

지 은 이 : 차소연·유세은·김성철·정명호·서수경
펴 낸 이 : 박 정 태

펴 낸 곳 : **광 문 각**

10881
경기도 파주시 파주출판문화도시 광인사길 161
광문각 B/D 4층
등 록 : 1991. 5. 31 제12-484호
전 화(代) : 031) 955-8787
팩 스 : 031) 955-3730
E - mail : kwangmk7@hanmail.net
홈페이지 : www.kwangmoonkag.co.kr

ISBN : 978-89-7093-072-5 93590

값 : 35,000원

한국과학기술출판협회회원